建筑也可以很好玩

欧洲篇·从古希腊到文艺复兴

密小斯 著

机械工业出版社
CHINA MACHINE PRESS

本书用活泼的语言、漫画的形式，结合历史故事，使读者可以从整体上快速了解整个欧洲建筑的发展历史，包括西方建筑的老祖宗为什么在古希腊，罗马角斗场是否是帝国的维稳工具，哥特式大教堂怎么就成了黑暗化身，等等。本书适合欧洲建筑爱好者以及喜欢建筑历史文化的大众读者阅读。

图书在版编目（CIP）数据

建筑也可以很好玩.欧洲篇.从古希腊到文艺复兴/密小斯著.—北京：机械工业出版社，2019.11（2023.8重印）
ISBN 978-7-111-64268-8

Ⅰ.①建… Ⅱ.①密… Ⅲ.①建筑史—欧洲—普及读物 Ⅳ.①TU-091

中国版本图书馆CIP数据核字（2019）第268955号

机械工业出版社（北京市百万庄大街22号 邮政编码100037）
策划编辑：刘　晨　责任编辑：刘　晨　于兆清
责任校对：孙成毅　封面设计：吴　桐
责任印制：孙　炜
北京联兴盛业印刷股份有限公司印刷
2023年8月第1版第5次印刷
165mm×210mm·8.5印张·2插页·136千字
标准书号：ISBN 978-7-111-64268-8
定价：59.80元

电话服务　　　　　网络服务
客服电话：010-88361066　机 工 官 网：www.cmpbook.com
　　　　　010-88379833　机 工 官 博：weibo.com/cmp1952
　　　　　010-68326294　金 　书 　网：www.golden-book.com
封底无防伪标均为盗版　机工教育服务网：www.cmpedu.com

推荐序

  欧洲建筑是广受关注的文化主题，特别是启蒙运动迄今的这段历史，围绕着传统和现代的交接，出现了一系列既赏心悦目又激动人心的建筑文化演变。

  在很多人的期待中，年轻的中国建筑师密小斯编写了一本面向国内大众的欧洲建筑史读物。这是一个让更多人能够从阅读中快乐体验建筑文化的开始，会启发建筑师们在将来去创造更多有趣的阅读形式来分享建筑文化知识，而密小斯就是这一快乐行动的启动者之一。

  同样要肯定的是，本书向公众引介的建筑学知识内容在专业性上并不含糊，知识内涵依旧是完整充盈的，书中将众多建筑代表的"点"编织起来，通过一条清晰的演进脉络，以及突出的关键词，帮助读者更容易顺势理解这一阶段欧洲建筑形式和建筑思想的历史性价值。

  总之，无论对于自己还是对于大家，密小斯做了一件很有意义的事。我们面前的这本书，来自一个心思活泼又专心致志的作者，呈现了一段进步性和观赏性俱佳的建筑发展史。

同济大学建筑与城市规划系教授　刘刚
2019 年 10 月　上海

作者序

我是一名"饱受折磨"的建筑师。每次相亲,当我说出自己的职业,经常会被问到各种奇怪的问题:"那你会不会经常住在工地,晚上害不害怕呀?""我想在 xxx 买房子,你说将来会升值吗?"最狠的一次,当时在点菜,姑娘小心翼翼地嘟囔了一句:"你这么瘦,还要搬砖,好可怜呀。"说完又加了一份肘子。这种事情多了,我就会反思:我为什么要相亲?我再也不要相亲了!

开玩笑的,也就说说而已。

在今天的中国,建筑文化对于我们大多数人来说,其实是一件挺"陌生"的事。可能你买了房子,却从来没想过你的小区为什么是欧式的;可能你旅行走过很多地方,但除了购物美食自拍发朋友圈,很少去关注这些地方的建筑;可能你去过巴黎圣母院,看到了令人难以置信的教堂,却除了一句"哇"然后就不知道该干些什么了……有人会问,我需要知道这些吗?我一个医生(警察、工人、音乐家、老师、服务员、网红、学生、数学家、公务员……)知道这些有什么用?

我们都知道建筑属于八大艺术门类之一,那么"懂建筑有什么用"是不是可以翻译成"懂艺术有什么用"?这个问题想必你已经有答案了。我在书的最后也详细给出了自己的想法。总之艺术是我们认识自己,打开幸福之门的一把钥匙。

国内非专业的人欣赏一座建筑的方式基本仍停留在"真高""真大""真亮"的阶段,之所以会这样,很重要的一个原因就是国内目前绝大部分介绍建筑的书籍,还是那种高高在上、拒人于千里之外的姿态,别说对于外行人,就连身处这行的我,在面对一本几百页且布满密密麻麻文字的书的时候,依然有心无力、无从下手,最后索性不看了,因为看不完,看完了多半也记不住。

这事儿直到后来我读研的时候才有了转机。当时在德国做交换生，除了上课，一向"不务正业"的我就开始在网上发布一些关于绘画鉴赏的科普小文章，但看的人也不多。一次偶然写了一篇关于欧洲建筑发展脉络的科普文，意外发现很多人留言说"好有趣，用了五分钟就把欧洲建筑搞懂了，谢谢你"；"原来建筑这么有趣，背后有这么多不为人知的故事，我今天才知道"……加上当时玩了一款名字叫《刺客信条》的游戏，里面高度还原了文艺复兴时期的意大利城市，后来我去罗马旅行的时候，真就在街上看到了大量游戏里出现过的房子，令我仿佛"穿越"了一样兴奋不已。

于是我就想，既然建筑有这么多有趣的故事，干脆我来为大家写吧。结合我平时喜欢的历史和绘画知识，配上简洁可爱的插图，把那些我知道的关于建筑的有趣故事全都讲出来。至于为什么没从中国的建筑写起，是因为西方（主要是欧洲和美国）建筑八卦段子多，写着方便。况且要了解我们自己的建筑，首先要有一面"镜子"，西方就是我们看清自己最好的"镜子"。

在进入正式阅读之前，温馨提示大家，这只是作为建筑科普爱好者的密小斯，写给大家的建筑入门书，希望通过这本书激发你对建筑及艺术的兴趣。千万不要把它当成正规的教材来使用，否则你会发现——怎么会有这么"不靠谱又好看"的教材！

最后，我非建筑史专业学者，很多地方的认知和观点也不够全面，但书里每一处细节和每一个段子，我都尽量做到反复确认核实，尽全力为大家呈现一个真实有趣的古代西方建筑世界。如存在错误之处还请大家多多指正。感谢我的编辑刘晨全程对我的帮助以及其他在本书写作过程中给予我帮助的朋友们。

那么，让我们开始吧……

目录

- III 推荐序
- IV 作者序

第一章 古希腊建筑

- 02 光荣归于希腊
- 16 一切都是几何学
- 20 希腊神话
- 26 伟大的柱式
- 30 西方建筑形式源头：雅典卫城

第二章 古罗马建筑

- 44 伟大归于罗马
- 50 玩转拱券技术
- 56 柱式定型与发展
- 60 献给众神的礼物：万神庙
- 66 昔日杀戮与荣耀：角斗场
- 72 维特鲁威与《建筑十书》

第三章 中世纪建筑

- 82 说离就离：罗马分东西
- 92 巴西利卡与拉丁十字
- 96 中世纪的明灯：哥特式大教堂
- 112 穹顶、帆拱和希腊十字
- 120 穹顶下的伊甸园：圣索菲亚大教堂
- 126 意大利的明珠：比萨主教堂

第四章 文艺复兴建筑

- 134 西方文明的瑰宝：文艺复兴
- 142 就从这里开始吧：佛罗伦萨的穹顶
- 154 经典之源：坦比哀多
- 160 巨匠：米开朗基罗
- 166 宇宙第一教堂：圣彼得大教堂
- 182 畸形的珍珠：巴洛克

- 194 写在最后

第一章 古希腊建筑

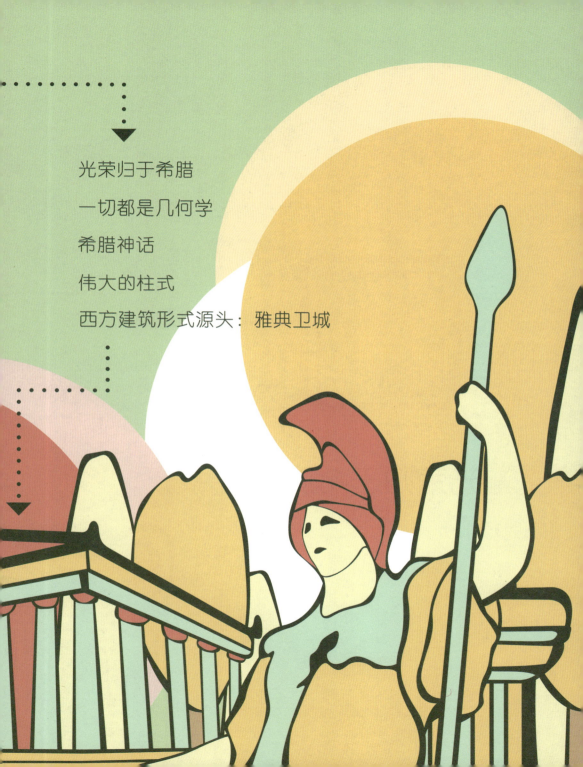

光荣归于希腊
一切都是几何学
希腊神话
伟大的柱式
西方建筑形式源头：雅典卫城

我们的故事要从遥远的古希腊讲起。这里说的古希腊，跟我们今天的希腊还不全是一回事儿。古代希腊是指公元前8世纪左右，在小亚细亚西岸，巴尔干半岛和爱琴海中的一些海岛上建立的许多规模不大的城邦国家的**集合**。

古希腊地盘

当时的希腊包括意大利和黑海沿岸许多小国（城邦），只不过这一大堆乱七八糟的城邦从来也没有正经统一过，它们只是在**政治、文化和经济上关系很密切**。平时互相之间做点生意，偶尔也搞搞内讧，骂骂街打个架，每隔几年搞个奥运会；如果有外面的蛮族跑过来骚扰，大家就抱团跟敌人死磕。所以今天为了学历史方便，就索性把这一大片地方统称为**古希腊**。

今天的希腊共和国，首都是雅典；而在古希腊，雅典也只是众多城邦中的一个（当然，是比较牛的一个）。还有一个跟它差不多牛的城邦叫"斯巴达"，你应该多多少少也听说过。在他俩之下，就是一大堆规模较小的"小弟级"城邦，像科林斯、迈锡尼等。

认识古希腊的建筑之前，我们最好对古希腊有一个整体性的了解，主要得知道古希腊的**政治制度**，古希腊的人在**想什么**，这样才会明白**他们为什么把建筑建成这个样子**。

古希腊在当今西方的地位相当高。今天的西方人基本上都把古希腊称作他们**文明的摇篮**，并且在说起这事儿的时候往往还特骄傲，就好比我们中国人每次提到自己是**龙的传人**那种自豪的感觉一样。

为啥呢？这就要说到现代的西方，当你顺着他们的历史往前看，就会发现从古希腊（人民最大）到今天的两千多年中，中间经历了古罗马（皇帝最大），再到中世纪（皇帝和教皇最大）直到现代（人民最大），历史兜了一个大圈。从古希腊的**以人为中心**的世界，中间经历了将近两千年的**以神为中心**的世界，最后历尽千辛万苦终于又回到了今天**以人为中心**的世界。人从神的阴影中脱离开来，不再是神的奴仆，而是**自己的主人**。

放到今天你可能觉得这没什么，但在两千多年前，能意识到**人自己才是世界中心**这件事的，地球上除了古希腊人，也**没有第二家了**。当周围国家的人们还在把抢地盘、抢东西、抢奴隶当作理所应当的时候，古希腊人已经在讨论民主的好坏了。给大家举几个例子，关于**"我们从哪儿来"**这个问题，你会发现几乎世界上绝大多数的早期文明都把人的诞生归结**到神的创造**，基督教说上帝创造了伊甸园，创造了亚当和夏娃；中国人则认为是盘古开天地，女娲用土来造人。

而古希腊人脑洞就比较大，他们的哲学家大多相信世界是由某些**"元素"**构成的，有的觉得是水，有的觉得是火、气、原子等。是不是觉得这跟今天的**科学**有点神似？

再比如后来的中世纪欧洲，如果你公开问了一句"上帝造人，那谁造了上帝"这类的**蠢话**，那么你的下场很可能是被拉出去**烧了**，因为在那个以神为中心的年代，是不允许你怀疑和思考这些的。

坏处是什么？就是**人没有办法以科学理性的方式去独立思考以及探索未知的世界**了。天上为什么会下雨？别问了，这不是人该考虑的问题，肯定是你犯了什么错，多祈祷，实在不行杀两个人祭天就没事了。

而且这时候的古希腊也没有皇帝这种职业，而采取的是**民主制**，就是有事大家商量着来（投票甚至是抽签）的意思。

说了这些，古希腊留给后世最宝贵的东西，总结下来就是：

人文主义

高度的**理性主义精神**。这种理性主义不依附于宗教或某个高高在上的统治者。他们相信世界不是某个或某些神创造的，而是建立在一定的**法则和基础**上，并且人是可以通过自己的**实践**去发掘并掌握这些法则，而后加以**利用**的。

所以，古希腊时期的代表性建筑，往往都是**大气端庄、面向公众**的，没有太多为了渲染统治者或神灵地位的神秘性，而且建筑的比例也深深受到**理性思维**（体现在**几何学**上）的影响。这是**古希腊建筑最大的特征**。建筑的形制以及关于对美学的讨论，很大程度上影响了之后的古罗马，进而又对此后整个欧洲的建筑产生了长达两千多年的影响。

为了方便将建筑的发展进行归纳，我们把古希腊的历史大体分成以下几个时期：

爱琴文明时期（公元前 20 世纪—公元前 12 世纪）

这个文明要比正儿八经的古希腊文明还要早。中心先是在公元前二千纪上半叶的**克里特岛**，后来转移到了公元前二千纪后半叶的**迈锡尼**。

爱琴文明在建筑的形式、装饰风格和建造技术上，相传受到了**古埃及**的影响。后来的多立克人和爱奥尼人直接在爱琴文化的基础上，才发展出了希腊文化，因此我们也说爱琴文化是早期希腊文化。

迈锡尼时期的克诺索斯宫殿局部

迈锡尼建筑的最大特点就是"**奔放**"；克里特建筑则是以"**秀美**"著称。不过后来爱琴文明遭受到了北方蛮族多利亚人的破坏，此后文明的发展一度陷入停滞。

迈锡尼时期的克诺索斯宫殿复原图

荷马时期（公元前12世纪—公元前8世纪）

由氏族社会开始进入奴隶社会。许多方面也受到了爱琴文化的影响，其中自然也包括建筑。这个时期代表性的建筑形式是一些**早期的神庙**。你可能会问，刚才不是说古希腊人不信神吗？这里强调一下，古希腊人相信世界上有神，但是神和人并没有地位上的高下之分，**神只是一群"力量更强大"的人**。就有点像今天漫威电影里的洛基，虽然是神的身份，但搞不好还是会被钢铁侠打趴下。

电影《复仇者联盟》剧照

敲黑板：电影《复仇者联盟》中的片段，在西方文化的根源中，神和人的差别往往没有很大，人类凭借"科学技术"的帮助也可以与神打成一团。而在中国的传统文化中，大部分情况人是不和神一起玩的，就好比如果有人拍了一部人类乘坐星际战舰去和太上老君打了一架的电影，就会很奇怪。

所以神庙在古希腊人心目中的作用就是**神偶尔居住**的地方，逢年过节大伙来祭拜一下，借着这个机会顺便搞些集体活动，聊聊天喝喝酒跳跳舞。

这时候很多的神庙都是由从前**氏族领袖的住宅**改建而来，因此规模一般都不大，形制也与住宅相似。有的神庙在中间纵向加一排列柱，这样可以增大宽度；沿建筑外侧的外廊也开始出现，这些都是古希腊神庙的基本平面布局形式。

古风时期（公元前 7—公元前 6 世纪）

这个时期**手工业**和**商业**逐渐发达起来，进而出现了许多大规模的城市。这些城市又各自与其周围的农业地区共同形成了许多**城邦**。由于古希腊的地理状况（多山地，少平原）非常**不利于大规模的农作物种植**，光靠自己种地可能连饭都吃不饱。但却盛产**葡萄**和**橄榄**等作物，尤其是橄榄，值钱到什么程度？当时的奥运冠军的奖励也就是一罐橄榄油。

所以古希腊人通过对外出口这些商品富裕了起来，慢慢地在意大利、西西里、地中海西部和黑海沿岸建立了很多以商业为基础的**城邦国家**。而且这些城邦有着**共同的文化基础**，信仰**共同的神灵**，所以联系也十分密切。这个时期，**守护神崇拜**逐渐从泛神崇拜中脱颖而出，由此诞生了一些著名的、被神灵眷顾和保护着的"**圣地**"。

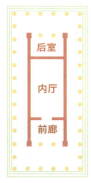
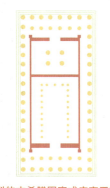

典型的古希腊围廊式庙宇平面图

敲黑板：这个时期古希腊最有代表性的两大"柱式"：沉稳大气的多立克柱式和端庄秀丽的爱奥尼柱式此刻已经基本成型。这两种"柱式"是古希腊人对后世的建筑最伟大的贡献。

古典时期（公元前 5—公元前 4 世纪）

这是古希腊文化最辉煌的时期。这个时期的希腊城邦中，雅典、斯巴达、米利都等主要城市均已发展到相当大的规模。各城市分别建造了自己的"卫城"；也是这个时期，**雕塑发展迅速**。米隆雕刻出了著名的"掷铁饼者"。公元前 492 年发生了件大事儿，古希腊东边的"坏邻居"**波斯帝国**开始向西**入侵希腊**，面对蝗虫般的波斯大军，雅典和斯巴达两位大哥自然成了**"全村的希望"**。

敲黑板：我们在电视上经常看到的马拉松战役、斯巴达 300 勇士、萨拉米海战就发生在这段时间。

《列奥尼达在温泉关》，路易·雅克·大卫

于是他们拉上了各自的小弟们分别从陆路和海路迎击入侵者。这场战争也被后世的欧洲人描绘成：

"信奉自由民主制的希腊同盟对野蛮的奴隶制波斯帝国的反抗斗争。"

油画中的萨拉米海战场景

敲黑板：卫城中体量最大的"帕提农神庙"，也作为西方精神的代表，影响了后面将近两千年的欧洲建筑，古希腊文化在欧洲无可替代的地位也是在此确立。

"希波战争"最终以希腊同盟战胜了波斯帝国告终。胜利后，雅典由于贡献最大，理所应当地成了全希腊所有城邦的老大。城市需要重新建设，老大是要向小弟们征税的，于是全希腊的财富和人才全部向雅典集中，大大推进了雅典的经济和文化的发展。为了庆祝反抗战争的胜利，雅典举全国之力在城市中心重建了"**雅典卫城**"。它的布局形式及"柱式"运用，都达到了**古希腊建筑的最高水平**。

希腊化时期（公元前 4 世纪末—公元前 2 世纪）

公元前 431 年爆发了**伯罗奔尼撒战争**，你可能想不到，这场战争的两位主角居然是同为希腊城邦中的雅典和斯巴达，这哥俩不是刚刚还联合反抗了波斯帝国的侵略，怎么一转眼内部又撕起来了？

这还得从"希波战争"说起。当年波斯入侵，除了从陆地进攻，一大部分也是从**海上**开船过来。

波斯侵略希腊路线

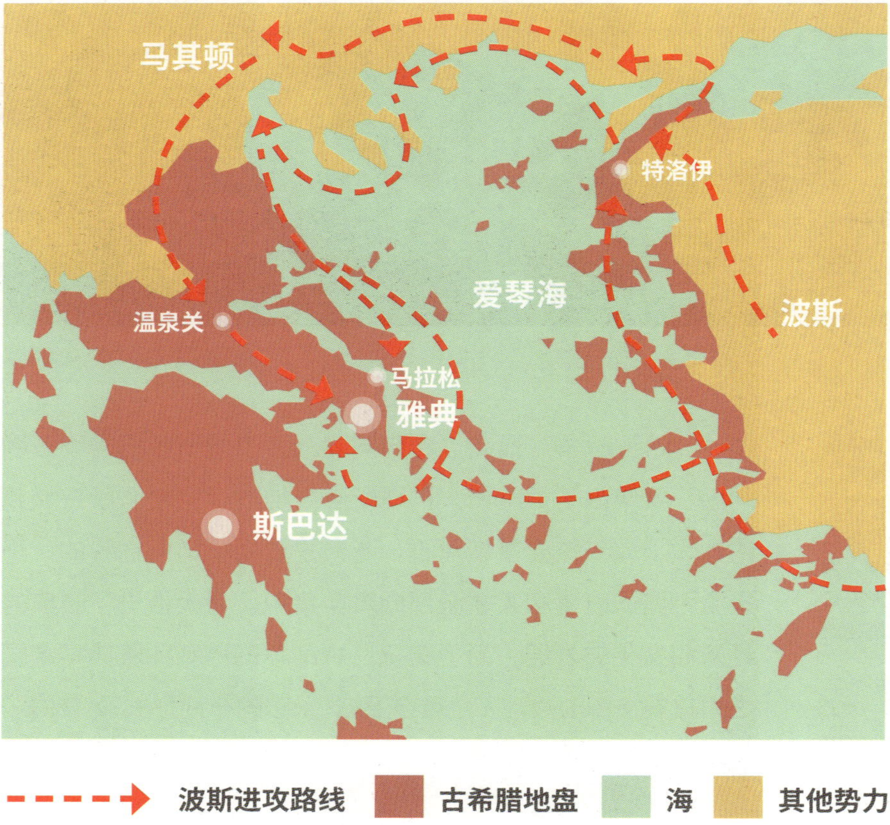

马其顿　特洛伊　爱琴海　波斯　温泉关　马拉松　雅典　斯巴达

- - - → 波斯进攻路线　　古希腊地盘　　海　　其他势力

斯巴达作为以农业为主的内陆城邦，打海战显然是很不给力的，所以这任务交给了常年搞海洋贸易、**舰队**相对发达的雅典。但养海军是很**烧钱**的，雅典自己也打不起，就向整个希腊城邦要钱，意思是如果你们都不交钱，我打不过人家，最后大家都得完蛋，于是大家只能乖乖听话。可是等到战争胜利，雅典凭借**海洋霸权**做了老大，斯巴达就不想交钱了。而且这两位早就互相看不顺眼，斯巴达说：我退出不玩了还不行吗？雅典对此的答复也很明确：**不行**。于是哥俩就此闹掰，终于在公元前 431 年彻底撕破脸。

战争最终以斯巴达胜利告终，雅典以及其代表的**自由民主制遭到重创**，从此一蹶不振。这边斯巴达也好不到哪去，自己也基本算是打残了，随后也逐渐衰落。公元前 338 年，**亚历山大大帝**登场，这位来自北方的马其顿国王南下先端掉了雅典，此后从北向南统一了全希腊，紧接着东征西讨，建立了**横跨欧、亚、非三洲**的大帝国。也是由此开始，古希腊文化开始真正的"**走向世界**"，建筑中的"柱式"、比例和审美被带到了波斯，甚至北非的埃及等地。这些都为后来**古罗马的顺利接班**奠定了**基础**。

敲黑板：亚历山大大帝是个不折不扣的"希腊粉"，在他占领的这些地方，极力推广希腊文化。如果今天你到埃及北端的城市亚历山大，会发现很多古希腊风格的历史建筑遗迹，这就是当年亚历山大大帝推广过去的。

一切都是几何学

刚才提到过，古希腊崇尚理性主义，也就是相信世间万物都有一定的**法则**，这种思想主要体现在**几何学**对古希腊人方方面面的影响上。

例如著名的**"毕达哥拉斯定理"**，这个定理在中国叫作**"勾股定理"**，我们小学的时候肯定学过，一个直角三角形的两条边的长度如果是 3 和 4，那么最后一条斜边的长度则刚好是 5。

当时毕达哥拉斯的一个学生问他，如果两条边都是 1，那斜边是多少呢？因为当时还没有**无理数**的概念，没法回答这个"刁钻"的问题，于是他的问题被视为挑战了当时几何学的美感底线，后来这个学生居然被丢进了海里。

还有后来的柏拉图，他开班教学生，学校大门上就写着**"不懂几何学者禁止入内"**。这些例子都说明古希腊人对**几何学美感**的痴迷，有的甚至达到了**变态**的程度。

敲黑板： 几何学几乎象征着古希腊人的整个世界观，他们认为，世间万物之间的关系冥冥之中都是符合几何学的，这样才会有一种和谐的美感。

他们会用黄金分割法去解释很多问题。比如建筑的屋顶、檐口和柱子之间的高度关系，尺度符合这个比例的，就被认为是和谐的，美好的。小到一个人身体的比例，大到整个宇宙，都应该符合这种比例。

古希腊的建筑美学观念也受到相应的影响。在古希腊建筑的柱式中，例如多立克柱式，从檐部、柱子到基座，各部分都有着**简洁的比例关系**。同时在柱式各部分之间也有着严密的**模数**关系，这样做的好处就是与希腊人眼中的完美比例相契合，同时模数制度也**便于材料的批量生产**。

毕达哥拉斯有个观点：**人体**的美符合和谐的**几何比例**原则。当人体的比例也符合这些数字的规律时，人们就会觉得是美而和谐的。

"数学支配着宇宙。"

毕达哥拉斯

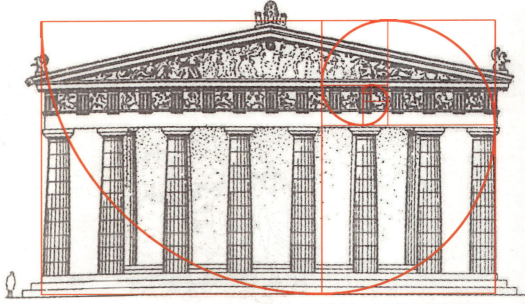

"巧合"的是：帕提农神庙的东西两个方向的立面也遵循黄金螺旋的比例关系

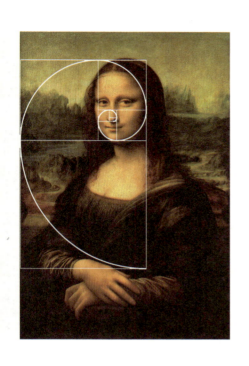

所以当时的工匠也把这种观念带进了建筑以及雕塑中，这个时期的建筑往往充满**活力**和**激情**，不仅体现着一丝不苟的**理性精神**和完美的**数字比例**关系，同时体现着对**人体的崇拜**，仿佛洋溢着热情与生命力的肌体。

负责雅典卫城建设的雕塑大师菲狄亚斯曾说过："再没有比人体更完美的东西了，请把人的形体赋予神灵。"

达·芬奇《蒙娜丽莎》中的黄金比例

神奇的数字比例自古以来就被艺术家们运用在自己的作品当中，英剧《神探夏洛克》中处处使用着这些"法则"

希腊神话

《达娜厄》，伦勃朗。画中描绘了宙斯变成"黄金雨"下凡在达娜厄不知情的情况下与之发生了关系

神话也对古希腊产生着影响。如果在当时你问一个雅典人他的祖先是谁，得到的答案往往是"我们是伟大的奥林匹斯山上众神的后代"。之所以是"众"神，只能说人数非常多，而且分工非常细。老大是宙斯，管打仗的是"战神"，管火的有"火神"，还有管爱情的"爱神"，甚至有负责美丽的"美神"。但这些神并不高高在上，他们只是理想化的人，也会有人的缺点：**自私、嫉妒、喜欢偷情等**。

既然如此，神也没有那么高不可攀。所以古希腊人相信**优秀的人**可以和**神**一样，甚至比神还厉害（比如特洛伊战争中的人类英雄阿喀琉斯）。因此他们赞美人，赞美人体和力量。

早从荷马时代开始，古希腊人就已经表现出了对**力量**与**健康**的渴望。重要的节日都会举办运动会，最开始运动员是穿一点衣服的，后来为了完整地表现人体的美，干脆连衣服也不穿了。

在西方古代艺术中，建筑和雕塑往往是不分家的，所以，介绍这个时期的建筑，顺带着也要提一下古希腊的人体雕塑，它们直接为后世的文艺复兴时期雕塑、新古典主义雕塑等提供了完美的**样板**。

古希腊文化中对人体，对比例的痴迷精神也被后世上千年的人文主义艺术家们传承了下来。

《掷铁饼者》(公元前450年)

这是"古典时期"雕刻家**米隆**的作品，这个作品是"古典时代"雕塑的**里程碑**。自此，希腊的雕刻艺术才算得上是已经完全成熟。从运动员健美的动作中传达了希腊人向往健康、阳光的理想。人的身体可以如此美丽，同时，健康的人体也是神性在人身上的表现。

这座雕塑是古希腊雕塑的集大成者，这种以人体运动为美的审美特征也影响了后期希腊人体雕像的走向，也奠定了西方艺术里赞扬人体艺术的传统。

《掷铁饼者》，米隆，创作于约公元前450年

《拉奥孔》（公元前 1 世纪）

　　画面上中间那个痛苦的老头是拉奥孔本人，后面是他的两个儿子。故事还得从我们熟悉的希腊神话**"特洛伊战争"**说起。看过布拉德·皮特主演电影《特洛伊》的人都知道，特洛伊的小王子帕里斯拐走了斯巴达王的老婆、希腊第一美女**海伦**，被扣了绿帽子的斯巴达王麦尼劳斯联合他的兄弟阿伽门农借此机会大举讨伐特洛伊，可这帮人围着特洛伊城打了十年也没什么效果，于是有人说不如我们假装撤退，并留下一只肚子里装满士兵的**木马**在海滩上借机混进城里应外合。

《拉奥孔》，创作于约公元前 1 世纪

　　后来特洛伊人果然把木马当作战利品运进城中。夜晚，希腊士兵溜出木马，一把火烧了特洛伊城，这就是**木马屠城记**的故事。

　　雕塑的主角**拉奥孔**是当时特洛伊城的一名祭司，当初强烈反对将木马运进城，这个行为惹怒了希腊的保护神雅典娜，于是她放出两条大蛇咬死了拉奥孔以及他的两个儿子，完美地演绎了**得罪女神**的下场。

电影《特洛伊》 布拉德·皮特扮演的阿喀琉斯

《米洛斯的维纳斯》 （约公元前 150 年）

　　主人公是希腊神话中爱与美的女神**阿弗洛狄忒**（维纳斯是她的罗马名字）。这座雕塑于 19 世纪在希腊被发现，紧接着就被偷渡到了法国，现在放在卢浮宫成了卢浮宫的三大镇馆之宝之一。

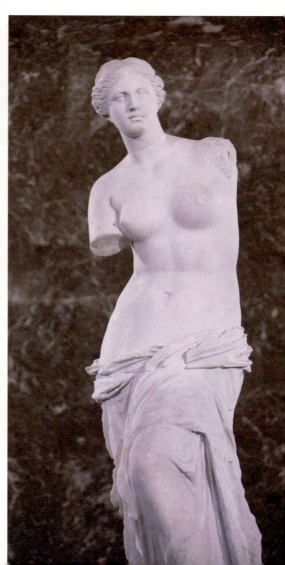

《米洛斯的维纳斯》，创作于约公元前 150—公元前 125 年

伟大的柱式

如果要我说出一样古希腊建筑留给后世最宝贵的遗产，那么我觉得一定是古希腊的"**柱式**"。

早期的古希腊神殿一般只有一间圣堂，祭祀主要在室内举行；但到了后期，圣地的各种活动多转移到了室外，圣堂则作为活动广场中心景观，所以它的**外观气质**就显得重要了。

怎么突出外观气质呢？当时的建筑主要材料是大理石，便于雕刻，但缺点是不能做出很大的跨度。所以只能通过在建筑周围布置一圈的**柱廊**来**增加层次感**和**变化**。庙宇的四周往往用柱廊围起来，形成了丰富的**光影变化**，也消除了大片的石墙面所带来的封闭单一的感觉。

阳光照射在柱廊上产生层次丰富的光影对比

随着时间的推移，这些石头做的大型庙宇，从上面的檐部、额枋的做法，到中间柱子的样式比例，再到地面的台基，都形成了相对固定的做法，也就是固定的"**套路**"。这些"套路"决定了神庙建筑的**外貌风格**，被后来继承古希腊文化的罗马人称为：

•- - - - - - "柱式" - - - - - -•

简单地说，"柱式"就是西方建筑"标准化"的老祖宗。公元前 8 世纪到公元前 6 世纪的古希腊，同时流行着**两种**柱式：在西西里、意大利和伯罗奔尼撒半岛流行"**多立克柱式**"；而在小亚细亚、爱琴海等地区多流行"**爱奥尼柱式**"。

多立克柱式

爱奥尼柱式

敲黑板：这两种柱式有着严格的比例和使用规定适应性也很强，住宅、居场、神庙、公共浴场都会见到它们的影子。到了之后的古典时期，在位于伯罗奔尼撒半岛的科林斯地区又出现了第三种柱式：科林斯柱式。古希腊的这三大典型柱式后来为罗马人继承，并发扬光大。

前面提到过，古希腊人对人体以及几何学的痴迷，在这两种柱式上也得到了相应的体现。后来古罗马的"大神"建筑师维特鲁威说：多立克柱式代表**男性**，爱奥尼柱式代表**女性**。在他眼里，多立克就是"**直男**"风格，爱奥尼则是"**小姐姐**"风格。这两种柱式都有着各自的特点。它们之间的各个部位，整体与局部在组合方式与细节风格处理手法都不一样。

多立克柱式　　　爱奥尼柱式

多立克柱式	爱奥尼柱式
柱子比较**粗壮**（宽高比大约为 1∶5.5）	**柱子**比较**修长**（宽高比大约为 1∶9）
建筑的开间在 1.2~1.5 个柱底径	开间一般有 2 个柱底径左右
檐部厚重（约为柱子高的 1/3）	**檐部轻盈**（约为柱子高的 1/4）
柱头：是简单粗暴的**倒立圆锥台形**，没有什么装饰，健壮有力，柱身有尖锐的棱角（20 个），柱底部没有柱础	**柱头**：布满了细密雕刻的涡卷，像一双大眼睛或者是小姐姐垂下的美丽的头发，柱身的棱角往往有一小段圆面（24 个）
雕刻：外形明朗的**高浮雕**	**雕刻**：较浅较柔和的**浅浮雕**

西方建筑形式源头：
雅典卫城

雅典城市的名字是以雅典娜的名字来命名的,由此可见,雅典娜是雅典人心目中的守护神。为什么她成了雅典的守护神?

事情是这样的,传说早在雅典建城之时,波塞冬和雅典娜都相中了这块地方,都想用自己的名字来命名这座城市。两神达成协议,各自送一样**礼物**,谁送礼送得好,就以谁的名字命名。波塞冬用三叉戟撞击地面变成了一匹**战马**,而雅典娜则送了一波温暖——一棵**橄榄树**。

《波塞冬和雅典娜竞赛雅典城》——安托万·霍阿瑟,法国画家

结果大家都觉得**战马**象征着**战争**与**悲伤**,而**橄榄树**则代表了**和平**与**富庶**,雅典娜也就因此击败波塞冬成为了雅典的保护神。

如果了解一下波塞冬,会发现他很可能是一个"**直男**"。我查了一下,波塞冬在希腊神话里的主要职位是"海神",但其实他还搞了个比较低调的副业:**管马**。类似孙悟空干过的"弼马温"。既然如此,那马这种东西对他来说就是要多少有多少,当然就不是什么珍贵的东西,挑这样一个东西来送,显得一点都**不走心**,人家当然不选你。

"希波战争"后,雅典人赶走了侵略者,当然要庆祝战争胜利。而庆祝最直接的方式就是盖房子(相当于纪念碑),为自己的守护神雅典娜建造一座光辉的神庙。

在古希腊的城市中,城市的中心往往是一种叫作**"卫城"**的建筑。顾名思义,主要用来**防卫外敌**。一般会建在城市的**最高处**,比如城市中心的山上。**平时**就作为公民们**祭祀**和举行**庆典**的场所,人们在这里进行体育比赛、表演歌剧、演讲等。因此,卫城的周围会聚集起大量的竞技场、商店、旅社等公共建筑。

而到了**打仗**时候,如果战况不利,所有人都会躲到卫城里,跟敌人打**消耗战**。敌人耗不动了,城里的人再从高处杀下来。在共和制城邦里,守护神崇拜盛行,卫城也慢慢变成了守护神的圣地。在圣地中最突出最显眼的地方,往往都会建造整个建筑群的中心,也就是**守护神殿**。

雅典卫城复原图,展示了活动时的盛况

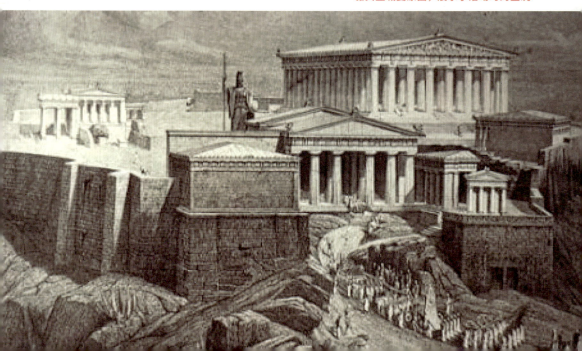

雅典卫城在雅典城中央一个孤立的小山包上,而且恰好是座**"平顶山"**,上面非常适合建造房屋。山顶东西长约 280 米,南北最宽处约 130 米。建筑的布局则沿着山势自下而上,为了保证人们平时从山下也能看到山上的建筑,卫城里主要的几栋建筑物都贴近西、北、南三个**边缘**来布置。

每年雅典娜生日前后几天,人们会在这里进行祭祀,每隔四年再办一次大party。功能上基本可以理解为北京的:

- - - - - **国家大剧院 + 鸟巢 + 三里屯酒吧街 + 长城** - - - - -

卫城建筑群的**总规划人**是雕刻家**菲狄亚斯**。今天,卫城里保留下来的经典建筑大概有四栋,接下来我们分别介绍下这四栋房子。

从山下仰望卫城遗址

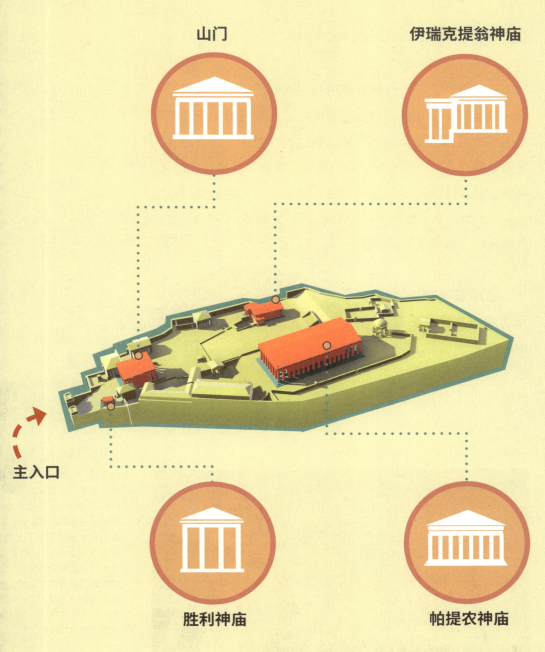

山门（公元前437—公元前432年）

沿着道路上山，**最先看到**的是卫城的山门，也就是整个场地的**大门**。由工匠**穆尼西克里**主持设计建造。山门位于整个卫城的西端。整体采用了**多立克柱式**，强调了大气稳重的感觉，前后各有一条柱廊，每个柱廊6根柱子。祭祀的时候，经常会有很大的车辆从山门经过，所以山门的开间做得非常大，门上面用来承重的一块石梁甚至有11吨重。门的另一端，内部各有3根爱奥尼式柱子。

这种**首次**在多立克式建筑物里运用爱奥尼式柱子的创意性做法，也取得了很好的效果。

今天的山门，朝外面一侧的屋顶已经消失

敲黑板：之所以将多立克式和爱奥尼柱式混合使用在一栋建筑中，主要是为了解决地面高差的问题。山门前面的地面高度要低于后面，因此为了保证山门的整体性，在前面地势较低的一边使用修长的爱奥尼柱式，地势较高的一边使用相对短而粗壮的多立克柱式，很好地平衡了地面的高差。

最前端的胜利神庙

胜利神庙（公元前449—公元前421年）

山门的右侧是由工匠**卡里克拉特**负责设计的胜利神庙。由于不对称的地形加上山门的大体量，导致入口处视觉中心偏向一边，而胜利神庙由山门向前略微突出，从而取得了**视觉上的平衡感**。

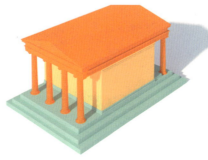

这个庙非常小，平面台基尺寸仅为5.38米×8.15米，神庙被前后各4根爱奥尼柱子包围，整体也显得**小巧轻盈**。

帕提农神庙（公元前 447 年）

穿过山门来到山顶的大广场，映入眼帘的就是卫城的**中心**建筑——帕提农神庙。它是守护神**雅典娜的主庙**，卫城当中最高的建筑。由匠师**伊克梯诺**设计。其上的雕刻则是由菲狄亚斯创作。

这座神庙牢牢地占据着整个卫城的"**C 位**"，穿过山门来到广场上，第一眼就可以看到它，视觉效果极佳。整个建筑属于"直男风格"的多立克柱式，也是**希腊本土已知的体量最大的多立克式神庙**。同时它也代表了全希腊设计的最高水平，立面的高宽比几乎接近古希腊人崇尚的"黄金分割比"。

敲黑板：内部东侧是圣堂，西侧是存放国家档案的大厅。外层被一圈多立克柱子包围，当阳光照射，会在柱子后的墙上形成美丽的影子。整个庙宇极尽奢华，庙内存放着菲狄亚斯亲手用黄金、象牙制作的全希腊最高的雅典娜像。

从东侧看向帕提农神庙

伊瑞克提翁神庙（公元前421—公元前406年）

卫城中的最后一个经典建筑——伊瑞克提翁神庙。传说中雅典人的祖先，也是雅典第一位国王**刻克洛普斯**就葬在这里。这是一座布局灵活的庙宇，由匠人**皮忒欧斯**负责设计。它正下方这块地，**传说**中就是当年波塞冬与雅典娜争夺雅典守护权的地方，雅典娜当时随手变出的橄榄树，今天依然还在。

这座建筑建在了一条**南北方向的断坎**上，所以南侧和北侧的底面高度差距很大。东侧是雅典娜圣堂，西侧是波塞冬圣堂和刻克洛普斯的墓。伊瑞克提翁神庙整体风格上属于爱奥尼柱式，是古典时期爱奥尼柱式的杰出作品。整个建筑与地形很好地结合在一起，多样统一。

黑板：这座神庙最出名的地方是西侧六根高2.1米的女郎柱，女人的身体直接当作柱子的装饰也是古希腊建筑的一大创举。

伊瑞克提翁神庙，横跨南北两段高差地段

今天的卫城

　　雅典卫城建筑群之所以在建筑史上有着重要的地位，最主要的原因是它将流行于古希腊各个地区的不同建筑样式，包括西西里的多立克柱式和小亚细亚的爱奥尼柱式成功地**融合**在了一起，并将这种融合的结果通过神庙建造上升到了**新高度**。

　　虽然西方古老的文明并不只有古希腊，但古希腊却集中了它们的优点，并随着后来亚历山大的传播，影响了后来的古罗马，以及之后的文艺复兴和古典主义，以至于这一千多年里的建筑风格，除了中世纪，其他的**源头**大多都能追溯到**古希腊**。

　　那么古希腊没落之后的西方又发生了什么？罗马和希腊到底是什么关系？罗马人是怎么继承并发展古希腊的建筑的？他们又创造了哪些属于自己的建筑奇迹？我们下一章聊。

------ **本章·完** ------

第二章 古罗马建筑

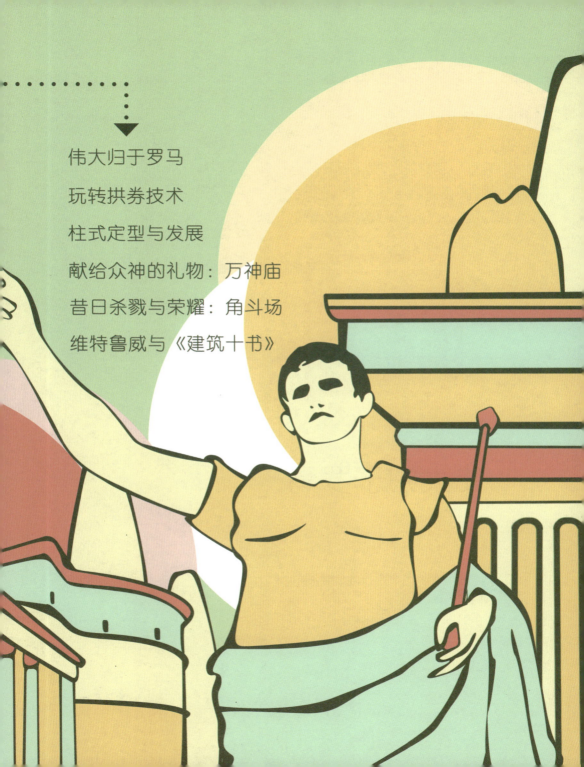

伟大归于罗马

玩转拱券技术

柱式定型与发展

献给众神的礼物：万神庙

昔日杀戮与荣耀：角斗场

维特鲁威与《建筑十书》

古罗马和古希腊是什么关系？

本章的主角是古罗马建筑。小时候历史老师告诉我们，古罗马是古希腊的**继承者**，那么我们在理解古罗马建筑之前，就很有必要先搞清楚这个所谓"继承"的说法是怎么来的。

罗马最开始的时候只是意大利半岛上的一个很不起眼的小城邦。根据史料记载，罗马城的出现在时间上只比希腊城邦晚了几十年，也就是说，这两位几乎是**同时出现**，这个时间大约是公元前 800 年。但是雅典发展得很快，中间经历了梭伦改革、希波战争的辉煌以及伯罗奔尼撒战争后的衰落，眼看他起高楼，眼看他宴宾客，眼看他楼塌了。

而罗马小朋友这段时间一直就在意大利半岛上**自己跟自己玩**。直到公元前 338 年**亚历山大大帝**横空出世，东征西讨，建立了横跨欧、亚、非三洲的大帝国。但估计是打仗太累，他在 35 岁的时候就死了。

亚历山大统治范围地图

亚历山大死后，他建立的**大帝国**立即**四分五裂**，不过这只是体现在政权上。文化方面，由于亚历山大生前将古希腊先进的文化带给了这些他曾占领的地方，并且一直在促进地中海与西亚、北非的**文化大融合**。所以希腊文化也就一直影响着这些地区，这就是所谓的**"希腊化"**时期。就是这个原因使罗马在接替亚历山大统一了这些地区之后，能够顺利地**接纳**古希腊文化的成果并进一步**吸收**和**发展**。

直接促使罗马崛起的事件是从公元前264年开始的三次**"布匿战争"**。正式开打前，当时罗马差不多已经占领了整个意大利半岛，再往南打就是有着"美丽传说的"西西里了，这地方当时被**迦太基**占领，于是战争一触即发。

敲黑板：我们经常听到的名将——汉尼拔，就是迦太基人的统帅，也是他带领迦太基人在第二次布匿战争中差一点端掉罗马的老巢。

《暴风雪——汉尼拔和他的军队越过阿尔卑斯山》威廉·

屋大维

经过前前后后几十年的战争，罗马彻底打败了迦太基，从此就像脱缰的野马，开始在**军事扩张**的道路上一路狂奔，很快接管了当年亚历山大征服过的几乎全部地盘。后来，罗马人又拿下了东起小亚细亚、西至西班牙和不列颠地区，北面直达高卢，南面跨过地中海打到了埃及和北非，把辽阔的地中海都变成了自己的内湖。

公元前 27 年，凯撒的继任者，当时的"罗马一哥"**屋大维**将罗马由共和国改造成了帝国，号称**"奥古斯都"**。这时罗马的国力空前强大，之后直到公元 3 世纪这 300 多年的时间里，经过罗马多位皇帝的轮番治理（其实就是抢地盘—抢奴隶—搞建设—奴隶不够了继续抢奴隶—抢地盘的不断循环），使得古罗马的国力达到了**顶峰**，这段时期也是古罗马建筑最繁荣的一段时期。以罗马城为中心，各种大型的公共建筑在其所管辖的地域内遍地开花结果。

罗马鼎盛时期地盘

这时期建筑繁荣的几个重要原因

首先,罗马接管了原先希腊的几乎全部地盘,这些地方本来就有很多古希腊时期传承下来的**优秀的建筑**以及**能工巧匠**,古罗马在占领这些地方的同时也顺手牵羊,把它们综合收编并加以利用;其次,古罗马并不仅仅是继承了古希腊,而是在这个基础上又加入了自己的**新东西**(拱券技术),并借助奴隶掠夺带来的**巨大生产力**,将其发扬光大;最后,由于古罗马是由共和国发展而来,就出现了很多供普通老百姓使用,即面向世俗的**公共建筑**。

我们提到古希腊,首先能想到的一定是卫城神庙,但神庙在严格意义上不是给人用的;提到古罗马,印象当中的一定都是大型公共室外剧场、角斗场、公共浴场等。不知道你发现没有,**古罗马**这些建筑大多都**不是给神的**,也**不是给皇帝**的,而是供**大众生活娱乐**的。

电影《罗马浴场 2》中当年的罗马城市

由于当时**拱券技术**的发展，就可以做出**更大的跨度**，这些条件都促使以上大型公共建筑可以更容易地被建造出来，说白了就是罗马的建筑有着很强的**适应性**。

这些公共建筑的建造技术和经验随着时间的积累，慢慢发展成了成熟的**体系**，样式风格也越来越丰富，一些著名的**建筑理论著作**也在大量的建筑实践活动中应运而生，例如维特鲁威的《建筑十书》。这些建筑和著作对整个欧洲建筑的影响一直持续到近代。

直到公元 4 世纪，古罗马帝国分裂为东西两个部分。我们这一章说到的古罗马建筑，主要是指从古罗马共和国建立直到分裂成东西罗马前的这几百年时间的建筑。

马采鲁斯剧场平面图

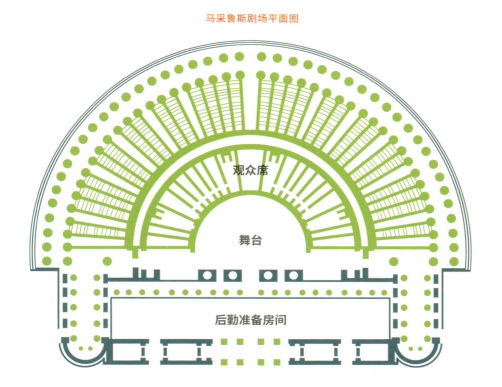

玩转拱券技术

敲黑板：拱券技术的发展直接使得建筑可以被建造得更加高大，形成比古希腊建筑更高大的内部空间，这也为古罗马大量的公共浴场、剧院、角斗场等需要大空间的建筑提供了技术上的可能。

如果说古希腊留给后人最宝贵的建筑遗产是柱式；那么古罗马留给后人的就是伟大的**拱券技术**。以砖和天然混凝土（火山灰）为主要材料的拱券技术，是古罗马建筑最大的特色和成就。今天我们能看到的**拱券穹隆形式**，源头几乎都在古罗马。面对古希腊的成就，古罗马并没有只是单纯地复制和模仿，而是针对新的问题，运用新技术手段对其进行**改造和完善**，并创造了属于古罗马的新的柱式和新的艺术手法。

拱形可以比平面形状承受更大的压力，观察一下今天我们周围的桥梁，桥下面多半都是圆弧形。圆弧形的拱，一方面能够增大建筑的跨度，承受更大的压力；另一方面，拱下可以形成**更大的空间**。最早的拱券其实并不是被用在建筑中，而是用在输水道上，例如塞戈维亚城的输水道。

西班牙境内塞戈维亚输水道

下面我尝试用简化的模型来帮助大家梳理一下拱结构的发展进化,虽然不能说非常准确,但应该可以帮助你快速理解拱结构的原理。

最早的拱叫作**"筒形拱"**,顾名思义,就是圆筒形的拱(好吧这是一句废话)。这种拱相比古希腊为代表的平屋顶直接落在柱子上显然有着更好的**承重性**。紧接着问题来了,虽然更能承重,但是它们本身也很重,这就会造成下面用来支撑的承重墙必须**特别厚**,而且承重墙上不能开门窗洞(挖空),结果虽然下面可以形成大空间,但是光照不进来,又不透气,人的空间感受非常**封闭**无聊。

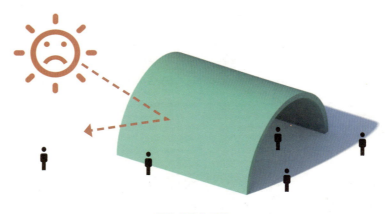

最简单的筒形拱

怎么办?聪明的人们想出了解决办法,就是筒形拱 2.0 版:

十字拱

所谓的十字拱就是两个筒形拱以 90°垂直的方式**交叉**在一起,而且下部只在端点上用柱子来支撑,而**不需要连续的承重墙**。这样不仅减轻了墙的重量,还使得拱形下面的空间变得开阔,这时候开门开窗什么的就都不是问题了,阳光也能直接照进来。虽然看上去不起眼的改变,却是拱券发展史上**意义重大**的一步。

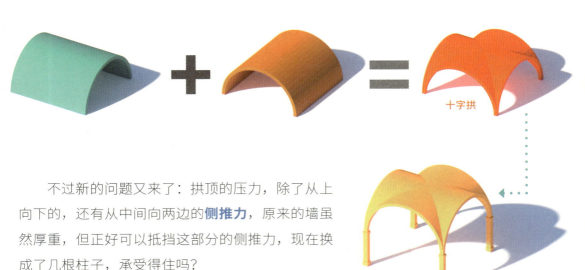

不过新的问题又来了:拱顶的压力,除了从上向下的,还有从中间向两边的**侧推力**,原来的墙虽然厚重,但正好可以抵挡这部分的侧推力,现在换成了几根柱子,承受得住吗?

继续解决问题。方法是,把十字拱**连起来**。这样十字拱之间就平衡了水平方向的侧推力,而平面上垂直方向的侧推力则由两侧的垂直的筒形拱抵住,筒形拱的纵轴和横轴之间保持相互**垂直**的关系。这种十字拱组合而成的方式,我们称之为:古罗马的**拱顶体系**。正是这套体系为古罗马各种各样大型的公共建筑的建造提供了可能。

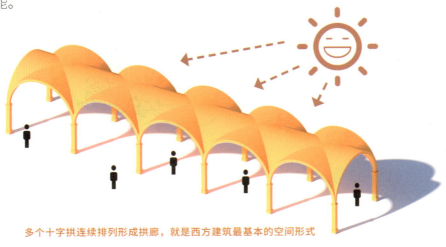

多个十字拱连续排列形成拱廊,就是西方建筑最基本的空间形式

古罗马帝国晚期，奴隶数量大幅减少，雇佣**普通工匠**逐渐代替了使用奴隶，奴隶是抓来白干活的，可这些工匠是合法市民，干活要**拿工资**的，成本就高了，所以那种以天然混凝土为基础的笨重的筒形拱体系就需要新的形式来优化。

为了减轻结构的重量，人们将拱顶的承重部分与围护部分分开，形成了类似**框架**的体系，只有框架部分承重。不过这种结构只在后面的哥特时期才被广泛使用，这里先不细说。

顺便提一下罗马人对**混凝土**的使用。希腊人最早用木头，后来发展成用大理石。罗马早期的建筑也是以石材为主，大约从公元前 2 世纪开始广泛应用混凝土。混凝土在今天的建筑术语里也叫作**"砼"**，拆开看就是：

•----**"人工（制造的）石（头）"**----•

　　不过当时的混凝土跟今天的混凝土不一样，主要成分是活性火山灰、石灰和碎石料，这种混凝土的优点是具有很好的**凝结性**和**坚固性**。

　　除了节约石材，自身价格也是相当便宜，混凝土的施工门槛也非常低，不需要很高的技术就能熟练操作。

柱式定型与发展

搞定了结构问题,古罗马人还面临着最后一个问题,只有这个问题解决好了,古罗马建筑才能真正算得上是跟古希腊平起平坐。那就是如何**面对**古希腊的柱式风格(摒弃、抄袭还是传承发展?)。来吧古罗马人,最后一关在等着你们。

问题的主要矛盾有**三个**:一是柱式与拱券结构上存在的矛盾;二是古希腊柱式与古罗马多层建筑的矛盾;三是古罗马巨大建筑的细部装饰矛盾。

柱式与拱券结构上存在的矛盾

古希腊不管是多立克柱式还是爱奥尼柱式,都是以横竖向线条为主的**"梁+柱"**结构体系;而古罗马的大型建筑常需要运用以弧形为主的**拱券结构**,这就存在了一个**"方和圆"**怎么**融合**的问题。支撑拱券的墙和柱子大多非常厚重,用什么样的手法去装饰它们,才能让拱券的风格与柱式完美地结合呢?

券 + 柱 = 券柱式

古罗马人想出的办法是:在保持拱券结构的基础上,用柱式的样式来装饰它。用柱式的手法去装饰墙面,从檐口到柱础,从里到外。把拱券做在柱式的开间里,整个券从上到下也用柱式的装饰手法。这种方圆共存的方式产生了非常好的效果,统一中充满了对比,也为后世的建筑所效仿。这种做法叫作**"券柱式"**。

古希腊柱式与古罗马多层建筑的矛盾

古罗马有很多大型的角斗场和跑马场，这些建筑往往**尺度巨大**，而古希腊的柱式在此之前往往被用于体量不大的建筑上。尺度增大了，古希腊柱式的梁柱体系该如何**安全**地支撑起建筑？古罗马人的解决方案是不同柱式的**上下叠加**。

例如，建筑的**底层**用厚重的**多立克柱式**；其上用等级相对一般的**爱奥尼柱式**；再往上面用轻盈的、象征**高等级**的**科林斯柱式**。而且，建筑每向上建一层，柱子的轴线就相应地向后退一点，这样有利于抵抗**侧推力**，使建筑结构更加稳定。这种用不同级别的券柱式层层叠加的手法，叫作**"叠柱式"**。

还有一种做法，是在叠柱式的基础上，局部把一种柱式直接放大，做到两层的高度，这种做法可以达到**突出局部**的效果，而且在尺度上给人的感觉就是原本10米高的柱子一下子变成了20米，人在它的面前显得更加渺小，建筑则显得高大雄伟。这种做法叫作**"巨柱式"**。

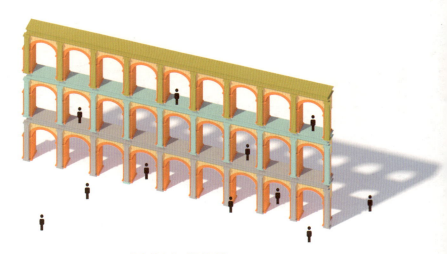

越来越高的"叠柱式"

古罗马巨大建筑的细部装饰矛盾

更大体量的古罗马建筑该如何装饰？古罗马人设计了更加富有细节的装饰手法，包括檐口、柱子柱头、雕刻、线脚的处理都**更加豪华**，此时也诞生了古罗马特有的"塔斯干柱式"和"混合柱式"。

终于解决了这三个问题，古罗马人成功地从古希腊人手里接过了建筑这一棒，并在后来几百年的实践中，逐渐发展出了属于自己独特的建筑形式。就在拱券技术发展的同时，另一种全新的建筑屋顶形式也开始广泛流行，并同样影响了欧洲上千年，它的名字叫作**"穹顶"**。

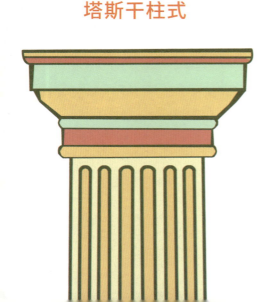

塔斯干柱式

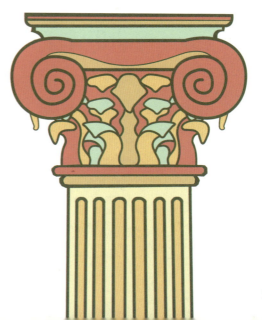

混合柱式

献给众神的礼物：
万神庙

古罗马穹顶最具代表性的建筑就是**万神庙**。这座建筑由马库斯·阿格里帕于公元前 27 年修建，目的主要是为了歌颂（拍马屁）他的领导，罗马第一位皇帝——屋大维。修建的口号是：**献给奥林匹亚众神**。

这座庙宇可以说是挑战了**当时建造技术**的**最高水准**，主要体现在它的**屋顶**，是一个高度和跨度都达到了 43.3 米的穹顶。要知道，在没有钢筋混凝土和钢结构的 2000 年前，能做出如此大跨度的结构，是一件非常困难的事情。它的成功实现主要得益于当时已经相对成熟的**现浇混凝土技术**，这样使得建筑的**整体性更强**。

这个道理很好理解，比如地震了，单靠石块垒起来的房子就更容易被震塌。我们现代人就是在混凝土的基础上，改进了一些土的成分，又在混凝土中插入了钢筋，其实最早都是从这来的。这个穹顶一直是之后一千多年里古代欧洲**跨度最大**的无梁圆拱，从未被超越。

万神庙鸟瞰图

万神庙曾在公元 80 年被大火烧毁，55 年后由号称古罗马**"最爱搞建筑""古希腊艺术的狂热者"**的皇帝**哈德良**亲自设计重建。建筑从外看上去大概是一个希腊的神庙（其实是大门）插在了一个圆筒（上面是穹顶，下面是支承穹顶的墙）上。

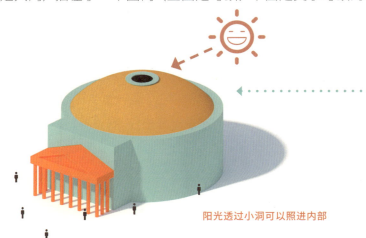

阳光透过小洞可以照进内部

主入口的大门，由 8 根科林斯式的柱子撑起三角形的屋顶，看上去既有点古希腊神庙的**优雅端庄**，又有一种古罗马建筑典型的**磅礴大气**。

正面仍然是希腊神庙的

18 世纪 50 年代内部改造前的情况，Giovanni Paolo Pannini 绘制

万神庙内部是一个巨大的**集中式**空间，向上看是象征着"**天**"的圆形穹顶，中间有一个直径 8.9 米的圆洞，这个圆洞也是整个建筑内部唯一的**采光来源**。

关于这个洞的成因有一个非常有意思的巧合。每到了春分和秋分时期的中午，阳光可以穿过大洞，会有明显的圆形光柱投射在地面上；而在冬天，阳光只能照亮顶部；**4 月 21 日**这一天，阳光则能够直接照亮整个建筑及入口处，而这一天也刚好和罗马建城日是**同一天**！不知道这个设计是不是当时的建筑师有意为之的，如果是，那就太厉害了。

敲黑板：门上刻着"M·AG RIPPA·L·F·COS·TERTIVM·FECIT"，意思是"奥古斯都的女婿、三度执政官马尔库斯·阿格里帕建造"。大门高 14.2 米，宽 33 米，两座巨大的青铜门据说还是当年的原物。

穹顶内部的墙壁上布满了密密麻麻的**凹龛**，这样不但可以减轻整个穹顶的重量，而且规则排列的凹龛也形成了优美的**韵律**，起到了极好的视觉效果。支承穹顶的也是混凝土浇筑成的、厚达 6.2 米的圆环形的墙，一圈墙体内有 8 处凹进的空间，每个空间都做壁龛，其中一个是大门，剩下的七个用作**墓地**，其中最著名的一块壁龛里面就躺着文艺复兴时期著名的大画家——**拉斐尔**。

在棺材上面，是洛伦佐·洛蒂为他创作的雕塑——岩间圣母；旁边的壁龛里则是法布里斯创作的拉斐尔的半身雕塑。除拉斐尔外，其他几个壁龛上也埋着几位皇帝以及艺术家。

广场上的万神庙

阳光透过小洞照在顶面上，古老而神秘的感觉

　　万神庙是一座**结合**了**古希腊风格**与**古罗马风格**的典型案例，无论是外部或内部，结构和艺术的处理手法都非常成功。每当时光变化，阳光会从屋顶的圆洞照进室内，在墙上形成神秘朦胧的光影。整个神庙的造型简洁，尺度单一，用色也张弛有度，身在其中，好像真的离神很近。

　　万神庙曾在中世纪被改为天主教的礼拜堂，直到今天人们还在其中进行宗教活动，可谓真的是生命力旺盛。可以说，古罗马万神庙是早期穹顶建筑的经典代表，是古罗马人的伟大创造，它在结构和美学的处理手法上，成了后世的好榜样。

昔日杀戮与荣耀：
角斗场

"大角斗场矗立,罗马便会存在。大角斗场倒塌,罗马就会灭亡。"

——基督教《颂书》

在古代罗马,城市中有很多大大小小的角斗场(类似今天的体育馆),其中最著名的一个,是罗马城内的大角斗场,它的原名叫作**"弗拉维欧圆形剧场"**。最早建造角斗场的目的是炫耀帝国的实力,和当时流行的各种娱乐设施如大型公共浴场、剧场等一样,是古罗马公民**日常玩乐**的场所之一。另外,古罗马后期,由于奴隶制的发展导致社会上出现大量**无业游民**,为了**安抚**这些社会不安定因素,统治者们在罗马城内建造了许许多多的**免费娱乐设施**以取悦这些游民,角斗场就是其中一种。

记得我小时候玩过一款经营罗马帝国的游戏,游戏中你可以选择在城市里建造角斗场,能很好地降低民众的**"暴动值"**。后来终于明白为什么了,其实说到底它就是当时古罗马统治者用来**"维稳"**的工具。

大角斗场外观

大角斗场建于公元72—79年，罗马占领了耶路撒冷，强征8万名犹太战俘，用8年建成。角斗场的平面呈椭圆形，椭圆的长轴达到了188米，短轴156米，总高度48.5米，是当时建筑中当之无愧的"**超级巨无霸**"。这座角斗场拥有5万多观众席，最多可容纳8万人。

电影《罗马浴场2》中的血腥角斗场面

敲黑板：如何合理地诱导宣泄暴力是社会管理者（尤其是古代）特别需要关注的问题之一。古罗马会举办各种各样残酷的决斗比赛来为躁动的市民宣泄情绪。在今天的文明社会中，这些手段转化成了各种激烈的体育竞技，如UFC（终极格斗冠军赛）等世界顶级格斗比赛，各种限制级别的恐怖、暴力影视作品和电子游戏。

据说角斗场建成时，皇帝从各地运来9000只动物，包括狮子、老虎、鳄鱼、犀牛、熊等，还有大量靠战争掠夺来的奴隶（奴隶在古罗马人眼中跟动物是一个级别）。让这些动物和动物、动物和人、人和人疯狂厮杀。能活到最后的人非常少，人输了一般直接被动物吃掉；人和人的比赛更加残忍，必须一方被杀死比赛才宣告结束。

电影《罗马浴场2》中还原了当时的盛况，和今天的足球场如出

大角斗场在建筑形式上，是古罗马建筑向古希腊建筑的致敬。从外立面上看，分为四层，每层 80 间拱券，采用古罗马的**"叠柱式"**，下面三层自下而上依次采用了象征男性的、风格硬朗的多立克柱式，象征女性的、婉转轻柔的爱奥尼柱式，雕刻繁复的科林斯柱式，最上面一层是科林斯的实墙。立面上由于**券柱式**的连续使用而形成丰富的**韵律感**，形体也是单纯的圆柱形几何形体，大气而简洁。但柱式本身细节又很丰富，所以建筑也并不显得单调。

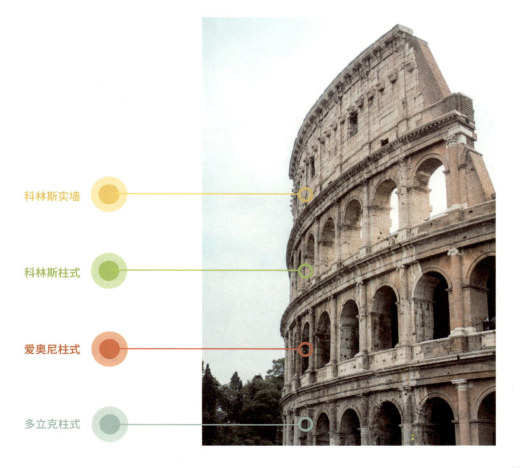

科林斯实墙

科林斯柱式

爱奥尼柱式

多立克柱式

这座建筑的观众席从下而上分为**三个层次**，最下面也是最接近赛场的是皇帝和元老等贵族们的位置，中间的区域是罗马的公民区，这两个区域是有座位的；最上面是普通自由民区，只能**站着**看比赛。

　　跟现代的体育馆很像，整个座位区被竖向的走道分成若干区域，目的就是方便观众**快速**入座和离场，所有的**疏散距离**都经过严密的计算，据说即使发生了火灾，全部人员可以在**十分钟内**全部撤离，效率确实非常高了。建筑平面上分内外两条环廊，供观众疏散和休息。这种观演建筑的形式直到今天也是各大体育场的**基本布局形式**。竞技场的地面下层是空的，里面有像迷宫一样的赛前准备室。比赛前，奴隶和动物们就在这里等待上场，他（它）们会被装在笼子里，吊上场地，随后被放出来进行战斗。

　　建筑的主要结构材料依然使用混凝土和灰华石，另外还有砖。前两区的观众席以白色大理石为主，最上区用木质，这样做可以很好地**减轻外墙的推力**。

大角斗场

古罗马除了流行供人们宣泄暴力的角斗场，还流行**"泡澡文化"**。古罗马人对泡澡的热情程度丝毫不逊于今天的**日本人**，由此便形成了大大小小的浴场。其中最大的一座是位于罗马城内的**卡拉卡拉浴场**。整个浴场可容纳足足 1500 人。

浴场内部分成**热水**和**冷水**等不同区域。内部装饰极尽奢华。这座浴场里面运用了独特的供暖系统，类似于我们今天北方家庭里常用的**"地暖"**，用热水给地面加热，人走在上面，脚是热的。此后所有的罗马浴场几乎都是按照它的标准来建造。这种浴场在当时与其说是泡澡的地方，不如说是人们**日常社交**的地方，大一些的浴场里还有图书馆、健身房、会议室等，人们可以在里面待上一整天。

维特鲁威与
《建筑十书》

任何好的**实践**活动都需要好的**理论支持**。对后世影响最深，同时也是古罗马流传下来唯一的一本建筑学经典著作就是**《建筑十书》**。它的作者是古罗马的军事工程师**维特鲁威**。

随着古罗马的扩张，当时西方的**文化中心**逐渐从雅典转移到了**亚历山大**，这里也逐渐成为了当时西方文化最发达的地方。当时的亚历山大图书馆收藏了世界各地的经典书籍，也聚集了阿基米德、欧几里德等著名的学者。

这些学者们在古希腊哲学的基础上详尽地讨论着**美学**的问题，形成了很多观点独到的**学派**，维特鲁威就是受到这些思想的影响，对毕达哥拉斯学派、亚里士多德等的哲学都进行了详细研究，结合自己的实际工程经验，总结出了自己对待建筑的美学思想。同时也能看出，维特鲁威观点的形成也脱胎于希腊文化，是个不折不扣的**"希腊粉"**。

　　维特鲁威曾经在凯撒和屋大维手下当兵,不过他不打仗,而是帝国的御用建筑工程设计师。这是一个像达·芬奇一样的**全才**人物,熟练掌握希腊语,对**建筑、市政、机械、几何学、物理学、天文学、哲学、历史、美学、音乐**等方面的知识都有所钻研,这在当时大多数人都是文盲的古罗马,绝对就是**精英知识分子**。

　　之所以叫建筑"十"书,主要是因为这本书从十个部分详细讨论了关于建筑师的培养、房屋的起源及其发展、神庙、柱式等众多内容。这些内容,很多直到今天都依然适用。

举几个例子：维特鲁威承认毕达哥拉斯学派关于"数字和谐的美"的思想，但同时提出：所谓的**美**是**相对**的，如果只是严格地遵循图纸上的规范性而不顾建筑之外的其他因素，这种做法往往只会带来呆板的效果。

比如人在观察建筑的时候，从远处看和从近处看，从平视角度看和从高处看，效果都是不一样的，因此所谓的比例的和谐也**不是绝对**的，一切都要有所参照；他还提出欣赏一座建筑也会受到其他环境因素的影响，天气、光线、雾气等都会"欺骗"人们的眼睛，影响人们对建筑的观察。

他也十分肯定**人体**与美学的关系，认为建筑的美应以**人体的美**为标准，还提到了一个有趣的故事：雅典人在建造神庙时，因为测量了男人的腿长和身体长度的关系，并把这个比例严格地用在了柱子上，用柱子宽度的六倍作为柱子的高度，结果形成了多立克柱式；而为了显得更窈窕，则以柱子宽度的八倍作为柱高，柱头的装饰像女人的秀发一样卷曲着下垂，这就是爱奥尼柱式。

爱奥尼柱式

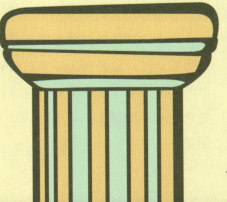

多立克柱式

《建筑十书》之所以牛的主要原因

第一： 这本书可以说是**奠定**了**欧洲古代建筑的基本体系**。一千多年后欧洲著名的文艺复兴运动，所谓的**"复兴"**就是复兴古希腊和古罗马的辉煌，但是怎么知道一千多年前的建筑是什么样子，当时的建筑师有哪些经验？当然就是靠这本《建筑十书》了。

这个时期的建筑师必须**人手一本**《建筑十书》，当时的许多建筑巨匠都是维特鲁威迷弟，谁要是没研究过维特鲁威，在圈子里都没法混。文艺复兴时期的建筑艺术又影响了后来的古典主义，古典主义时期大量的经典建筑，也都能看到维特鲁威观点的**影子**。可以说这本书**记录**和**总结**了古代的经典，进而**改变了欧洲的面貌**。

第二： 这本书十分详尽地总结了古希腊和古罗马的建筑经验。其实，当时和《建筑十书》类似的书籍还有很多，只不过这些书都**失传**了，没有保留下来。《建筑十书》不但被传到了今天，而且里面的理论总结得十分详尽，很多规则放到今天依然适用。

第三： 维特鲁威在这本书中对"**美**"这件事进行了深刻的讨论，让后人认识到了"美"这件事对于建筑的深刻意义，到底什么是所谓建筑的美，美的东西是否有着某些相同的特点？美是一成不变的吗？两千年前的维特鲁威已经在讨论这些深刻的问题了。

第四： 这本书最伟大之处是总结出**建筑**的**三大终极定律**：

• - - - - - - **坚固、美观、实用** - - - - - - •

这三大定律一直到**今天**，都是衡量**建筑优劣**的**最基本标准**。

可以说，在建筑方面，古罗马很好地接过了古希腊的接力棒，随后在自己的道路上一路狂奔，创造了很多**奇迹**。罗马中后期基督教出现，皇帝戴克里先将帝国分裂成东西两部分，自此，古罗马帝国进入了**毁灭倒计时**。

公元 330 年，古罗马皇帝君士坦丁大帝迁都君士坦丁堡，史称**东罗马——拜占庭帝国**，直到 1000 年后被更东边的土耳其人灭亡；西罗马被遗弃，于公元 476 年被北面的日耳曼人征服，西罗马灭亡，从此西欧进入了漫长的**中世纪**。

这 1000 年里，东西两边的建筑各自沿着怎样的道路走了下去？什么是哥特式教堂？基督教文化代替了古希腊和古罗马文化，对西方的建筑产生了哪些影响，又出现了哪些新的建筑形式？我们下一章聊。

●-------- 本章·完 --------●

第三章 中世纪建筑

说离就离：罗马分东西

巴西利卡与拉丁十字

中世纪的明灯：哥特式大教堂

穹顶、帆拱和希腊十字

穹顶之下的伊甸园：圣索菲亚大教堂

意大利的明珠：比萨主教堂

说离就离：
罗马分东西

罗马帝国到了晚期，地盘越抢越大，地盘越大，就需要去抢更多的奴隶来维持局面。这样，在帝国晚期形成了一个尴尬的**不断抢地—抢人—再抢地的恶性循环**，直到国家的**制度建设水平**已经**跟不上扩张的速度**，也就是古罗马"Game over"的开始。

当时的罗马帝国已经太大了，自己"家里"的**奴隶叛乱**频发，加上旁边的"坏邻居"日耳曼人和波斯人时不时地跑过来抢一把，再顺手捅一刀，搞得罗马帝国不堪其扰。一个皇帝是基本管不过来了，结果当时罗马帝国的皇帝戴克里先想出了一个**天才的解决办法**——"四帝共治"。

简单说就是把罗马分成东西两个部分，每个部分选一个皇帝，都称"奥古斯都"；两个奥古斯都又各配一个助理，称"凯撒"。于是罗马相当于同时有了四个皇帝，按照戴老板的打算，治理国家的效率立马翻了4倍。出发点是好的，但也就此开启了"罗马帝国分裂的欢乐之旅"，而这一分，整个欧洲直到今天就**再也没统一**过。

这里插一嘴，建筑的发展往往和历史是分不开的，这也是为什么本书每一章的开始都要先介绍一下历史背景。在这些相应的历史背景和政治制度下产生了什么样的建筑，就很清晰直观了。

但在介绍欧洲历史之前，我们作为中国人，很有必要先给自己**"洗个脑"**，可以先把学习中国历史的方法放在一边。因为欧洲的历史跟中国在发展脉络上是有**很大区别**的，用理解中国历史的方法来理解欧洲历史，很容易乱。

中国和欧洲的历史有哪些不一样的地方呢？我从"分"与"合"的角度来为你解释一下：中国的特点，**大部分时间是"合"，小部分时间是"分"**。

最早是夏商周、春秋五霸战国七雄，紧接着秦灭六国二世而亡，随后西汉东汉，然后是熟悉的东汉末年分三国、魏晋南北朝。接着是隋唐五代十国，之后的历史又变得相对清晰了：宋、元、明、清、中华民国直到今天的中华人民共和国。

我小的时候，这些朝代大部分的历史都能搞清楚，唯独两个 Bug：**南北朝**和**五代十国**到底是怎么回事困扰了我多年，就是觉得乱七八糟也记不住，谁先谁后也常常搞混。我相信很多人也会跟我有一样的感觉。

你可能知道三国分"魏蜀吴"，但五代十国都是谁、南北朝分哪些国家，估计大部分人也说不准。其实这两个时期，就是**没有"大一统"**的中国。

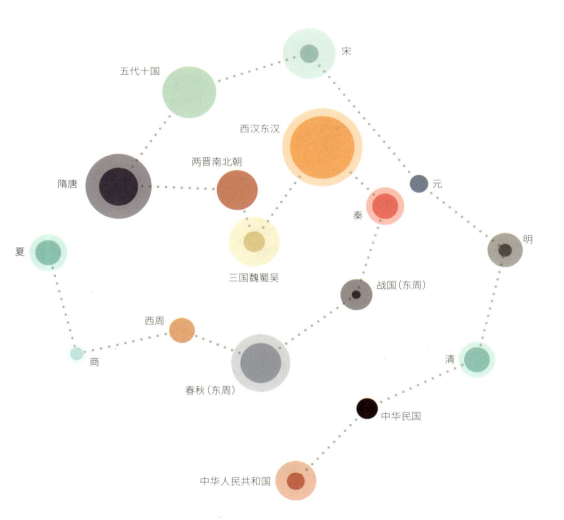

好了，那么欧洲历史呢？正好**反过来，大部分时间**是**"分"**，只有**少数**是**"合"**。我小时候看《格林童话》，故事的开头往往是：**从前有个国王**……你们会不会很纳闷，怎么西方会有那么多的国王？

其实这些故事里的国王们，放到我们这儿可能也就是个**"村长"**，欧洲历史上的大部分时间都是这种遍地小国的分裂状态，自古罗马以后就没有真正的"统一"过。

当然，欧洲人脑子里从来就没什么"统一"的概念，直到今天你看**"欧盟"**都是如此。哪个国家不想玩了，只要内部投个票，随时随地就能**"脱欧"**。

所以，我们今天就不能以看待中国历史的眼光来看欧洲历史。因为西方的历史往往**不是"一条线"**发展下来，而经常是**"几条线"同时发展**，并且这几条线还经常**"缠绕"**在一起。这也许是欧洲史比中国史看起来"杂乱"的原因吧。

因此，我们的建筑故事从古罗马分裂开始，也就不是一个国家接着一个国家地讲，而往往会是几个国家同时讲。

"四帝共治"刚开始时，运行得还不错，但经过了几十年时间，东西两边的差异与隔阂越来越大。第一代领导人好歹还互相认识，换了几波新人后，用一句话说就是：**你谁啊凭啥管我？我的地盘我做主。**

直到公元 330 年，其中一个比较**猛**的皇帝君士坦丁干掉了其他几个和他一样的"罗马皇帝"，并将帝国的首都向**东迁**到了君士坦丁堡，而西边原本的帝国中心——罗马城，则渐渐被抛弃。

君士坦丁迁都后的帝国，叫东罗马（这块地方大体上在今天土耳其的伊斯坦布尔），它还有一个我们熟悉的名字：**拜占庭帝国**，后来延续了上千年之久。而被君士坦丁抛弃的西罗马（这块地方大体上就是我们今天的欧洲），仅仅 200 年后就被**"智力值"**偏低但**"武力值"**爆表的日耳曼人灭亡了，从此西罗马在基督教的统治下进入了长达 1000 年的中世纪。

中世纪的前几百年时间，原本的西罗马分裂成众多小国，这些小国普遍信奉基督教。由于基督教对异教的排斥，古希腊和古罗马的经典在这里都被逐渐**失传**了，文化、经济也都陷入了倒退。直到公元 800 年，被后人称为"欧洲之父"的**查理曼称帝**，并进一步强化了**加洛林王朝**，自此西欧的文化才开始活跃，我们接下来要讲到的很多伟大的哥特式教堂都是在这段时期被建造起来的。

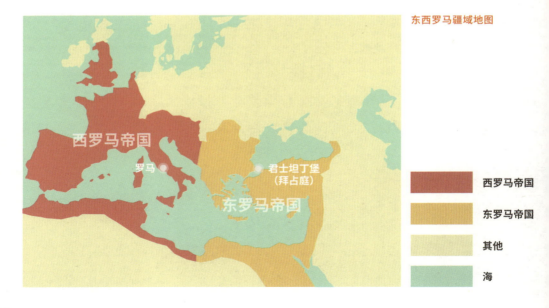

东西罗马疆域地图

这里还要铺垫一下基督教。如果要问哪三样东西最能**代表古代西方**,除了古希腊和古罗马,剩下的一个就是:

基督教

在古罗马之后,西欧东欧各自的 1000 年里,基督教无疑是主角。古罗马晚期,基督教已经慢慢开始在西方传播,并拥有广大的教徒,形成了一定的规模。

但基督教当时并不是主流,也没有"官宣"(人家罗马官方根本不承认),所以古罗马的角斗场里,经常把抓来的基督徒和动物放在一起进行角斗,可见当时的**基督徒**普遍混得都**很惨**。

不过经过了几百年的传播,也随着罗马帝国衰落,原本的信仰逐渐落寞,基督教终于找到了市场(终于没人管了)。君士坦丁大帝为了**"维稳"**,更是颁布了**"米兰赦令"**,第一个以皇帝的名义把基督教**合法化**,并且自己临死前也皈依了基督教。而那边被"遗弃"的西罗马教廷也打起基督教的旗帜。

可是在"谁是古罗马正统继承人"这个问题上,东西两边都认为自己才**"根正苗红"**,你说你是正宗基督教,凭什么?

于是基督教也被两边的人按照各自的政治需要改造成了不同版本。1054年,两边教廷彻底撕破脸,互相开除了对方教籍,基督教正式分裂为西边的**"罗马公教"**和东边的**"正教"**。

中世纪时期,基督教几乎是人们的唯一信仰,所以这个时期最有**代表性的建筑**就是各地的**大教堂**。由于东西两派之间**教义的对立**,导致了教堂的**使用功能不同**,这使得这些教堂在形式和空间组织中产生了非常大的**区别**。

基本上是，东正教用什么建筑形式，天主教就**打死都不用**，就是跟你对着干。你做尖的我就做圆的；你做长的我就做短的；你开放，我就走神秘路线。逐渐地，东西两边的建筑也分成了两个不同的体系。

但由于双方都有着共同的"老爸"——古罗马，所以，**西欧**天主教选择了古罗马后期出现的一种名叫**"巴西利卡"**的建筑形式并逐渐完善，最终发展成了直冲云端的**哥特式大教堂**，比如巴黎圣母院那样的西欧巨无霸；而**东欧**选择了古罗马的**穹顶**形式发展了下去，也受到了小亚细亚和东方风格的影响，最终发展成了以集中式穹顶大空间为代表的**东正教教堂**，如圣索菲亚大教堂那样的东欧巨无霸。这两种形式在**建筑结构**和**造型艺术**上都有着很大的区别。

巴西利卡·哥特式教堂　　　　穹顶·集中式教堂

德国老城特里尔，城内的一处早期巴西利卡

4世纪的古罗马晚期，由于基督教在欧洲普遍传播，人们也需要进行**宗教活动**的**场所**。首先最基本的，至少得有一个可以聚集很多人的**大空间**，方便大家进行一些传教讲学的**仪式性活动**。早期的时候，这些活动通常在一种当时被称作"巴西利卡"的公共建筑中进行。

所谓的"巴西利卡"，最早是用来当作**集会厅**、**法院**甚至是**市场**，总之特点就是内部空间很大，可以容纳很多人。慢慢地，这种建筑就被天主教盯上，成了**最早**的**"基督教堂"**。

典型早期罗马巴西利卡式建筑平面图

大家都知道，基督教的圣人——耶稣老人家是被钉死在了十字架上，于是**十字架**便成了后来基督徒心中的**圣物**。所以教堂的**平面形制**往往也都是：

十字形

这个十字形是怎么来的呢？

巴西利卡的建筑普遍比较简单，内部经常用几排纵向的柱子把一个长方形的空间分成几条窄一些的空间，例如两排柱子将空间分成了三条，那中间的一条叫作**"中厅"**，最宽；两边的**"侧廊"**对称布置，窄一些。"中厅"在高度上比"侧廊"高，这样，在"中厅"高出部分的两侧就可以做出用来采光的**侧窗**。

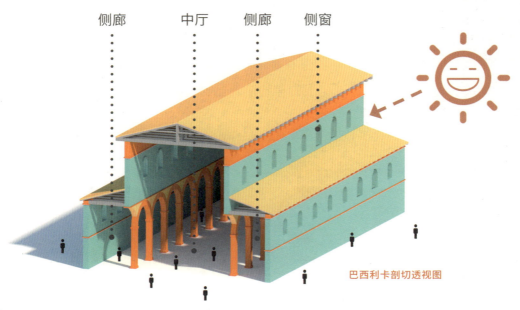

巴西利卡剖切透视图

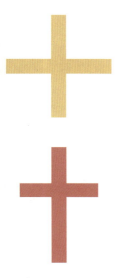

到了后期，由于人数越来越多，规模越来越大，在建造巴西利卡时，就在祭坛前面增加了一条**与原来呈 90°**的**横向空间**，但后加的这段建筑会比原先纵向的空间短。十字形的布局也就是这么形成的。

这种"三短一长"的平面形制就叫作：

● - - - - - - **"拉丁十字式"** - - - - - - ●

也在整个中世纪一直被天主教当作正宗的教堂形制。在古罗马晚期，巴西利卡只是一种公共建筑的称呼，而到后面的中世纪，宗教意味加重，慢慢成了当时小型教堂的代名词。

敲黑板：与"拉丁十字式"对应的，就是东欧东正教的"希腊十字"（四个边相等）了，关于希腊十字我们后面再说。

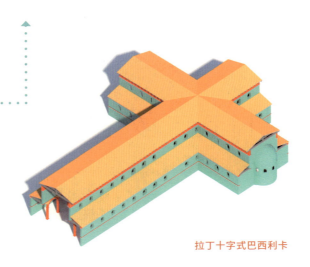

拉丁十字式巴西利卡

在举行仪式的时候，教徒们要面向东方的**耶路撒冷**，所以如果仔细观察你会发现西欧教堂的圣坛全在建筑的东侧，入口都在西侧，这样信徒们在进行活动的时候才会面向东方。

中世纪的明灯：
哥特式大教堂

板书：查理大帝这个人非常厉害，扑克牌中的"红桃K"就是他。其他三个：方块K是凯撒，黑桃K是亚历山大，梅花K是大卫。能跟这些人平起平坐，可见在西方人眼中，查理大帝也属于"半神"级别的皇帝。

中世纪最能代表西欧教堂建筑类型的就是散布于西欧各地的哥特式大教堂，这些教堂本质上就是**"氪金版"**的巴西利卡，**巴西利卡 2.0 版**。

自打 8 世纪末查理大帝彻底统一了常年分裂的西欧，建立加洛林帝国之后，查理曼在这片土地上进一步推广了基督教，扶持教会。不过等到他一死，他的三个孙子就将爷爷留下的地盘瓜分成了西边的**法兰西**，东边的**德意志**（神圣罗马帝国）和中间的**意大利**。随后的几百年教会的力量不断壮大，从 11 世纪左右开始，一座座高耸的大教堂在这片土地上拔地而起，直冲云霄。

查理曼帝国分裂后势力图

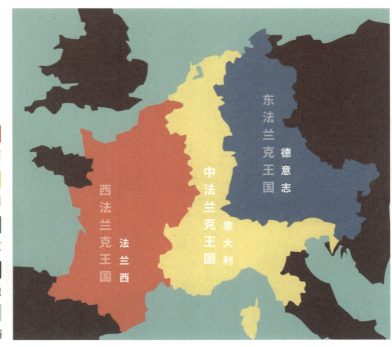

首先,"哥特式"在一开始的时候并不是一个什么"好词",是后来文艺复兴时候的人们对他们眼中"**黑暗中世纪**"的**蔑称**,因为文艺复兴主要"复兴"的是古希腊和古罗马的文明,所以灭亡了古罗马的蛮族人和他们生活的中世纪,在**定性**上当然不会有什么好下场,而哥特人就是灭亡了罗马的众多蛮族中的一支,所以后人把中世纪时期以教堂为代表的建筑统称为:

敲黑板:哥特式教堂,就是古罗马晚期拉丁十字式巴西利卡的升级版(更高,更大,结构很复杂,艺术更丰富)主要流行于中世纪后几百年里的西欧,所以你会发现今天的欧洲国家,法国、德国、意大利的这片地方数量最多。

• - - - - - - **"哥特式"** - - - - - - •

当然,我们今天说起这个词,是不会觉得有任何贬义的,因为无论是"哥特式""罗马式"还是文艺复兴,都已经成为历史的一部分了,它们也都有着各自伟大的地方。

哥特式教堂三巨头,从左到右依次是:法国巴黎圣母院、意大利米兰大教堂、德国科隆大教堂

巴黎圣母院室内

由于是从巴西利卡演变过来，所以哥特式教堂的基本形式还是不等臂的拉丁十字式。中世纪早期，古罗马的拱券技术在西欧一度失传，10世纪左右，这种技术从意大利开始向西欧传播，教堂也开始使用这种拱券结构。由于当时的人们并没有见过这种形式的房子，只知道是老祖宗罗马人用的，于是便将这种风格称为"罗曼建筑"，就是"罗马式建筑"的意思。早期的罗马式建筑结构上很不成熟，拱顶很厚重，这就造成了自重大，浪费材料，也增大了倾覆的危险。由于使用大面积的封闭墙面，导致建筑内部的采光极差，内部的空间也比较狭窄封闭。哥特式教堂的"甲方"们（基本上是国王和教会）对空间有着怎样的需求呢？答案是接近上帝。让身处教堂中的人，无论是教皇、牧师还是信徒都能有一种"保送天堂"的感觉。如何达到这个目的？上帝在天上，人死了也都想进入天堂，所以要把教堂做高，越高越好，越高越接近上帝。所以教堂要解决的最核心的问题只有一个：怎么把教堂做得高一些，高一些，再高一些。

科隆大教堂室内

为了解释清楚这个过程，我们顺着这个思路往下想。给你一堆石头，想做出**很高**的建筑，最基本的方式无非就是一层一层地往上叠加。但是石头加多了，**重量**也就**越来越大**。

积木越堆越高，"砰"就倒了

我们小时候都玩过搭积木的游戏，如果用方形的木块一直往高搭，即使你尽全力保证所有的木块在一条竖线上，到了一定高度还是会倒。因为**重量越大**，重心越高就**越不稳**，对吧？那么想把房子**"建得高"**，首先就要尽可能解决**"重量"**的问题。而且是**越轻越好**。

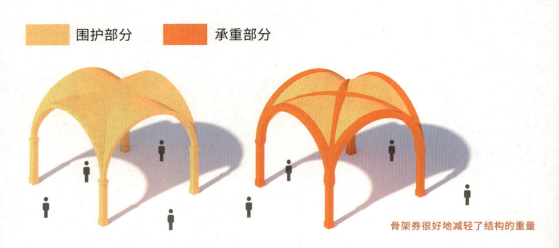

围护部分　　承重部分

骨架券很好地减轻了结构的重量

法国圣丹尼教堂

哥特式教堂的建筑师们想到的第一个办法就是建筑顶部用"**骨架券**"来承重，顾名思义，就相当于当时的"**框架结构**"，在正方形或矩形的平面的四个角上做出拱券，屋顶的石板就架在拱券上。这样的好处是**顶部**的**围护部分**可以做得**非常薄**，既大大减轻了重量，也节省材料。

第一个使用骨架券的教堂是 1144 年建成的法国的圣丹尼教堂，这座教堂也被看作是哥特式教堂的**鼻祖**，建成后立即成为当时的"西欧第一网红"。自此欧洲各地的教堂都开始采用了这种骨架券的结构。

这座教堂也是**法国历代皇帝**的**埋骨之所**，像查理·马特、丕平、路易十四、路易十六等法国历代的二十几位君主，几乎都葬在里面，可以说是古代法国皇室的"**御用墓地**"了。

骨架券**降低**了**结构重量**，虽然大大**减轻**了**侧推力**，但毕竟侧推力多多少少还是存在的。如何"优雅"地解决最外侧侧推力的问题呢？

哥特时代的建筑师们给出的方案是最外面两侧使用大量独立的**"飞券"**结构来抵消侧推力。而这些飞券本身也是框架式的，就形成了飞券下的新空间，建筑内部也更加有层次。飞券的大量使用最早是在著名的巴黎圣母院中。

飞券剖面结构及相应的实景对照

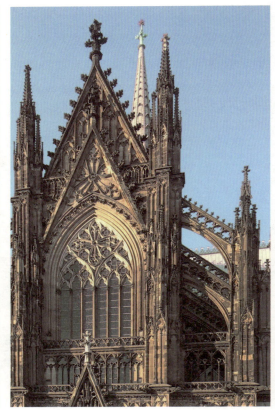

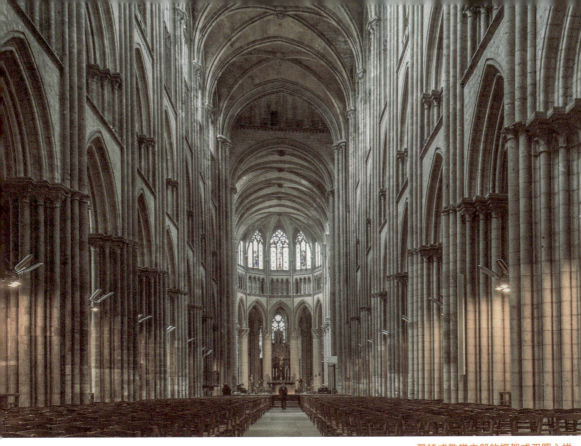

哥特式教堂内部的框架式双圆心拱

单圆心券　　双圆心尖券

小黑板：随着审美的发展，在教堂内部，哥特式建筑的柱子没有古希腊和古罗马柱子那样复杂的柱头装饰做法，这也是区分哥特式建筑的重要标准之一。从地上"生长"出的柱子直接连在尖券上直通屋顶，视觉上非常连贯，仿佛一个整体，似乎沿着柱子向上看，就能看到天堂。

还能做得**更高**吗？最后的大招就是**"双圆心尖券"**的使用。罗马时期的拱券大多是以完整的半圆形为主，而哥特式建筑中则将拱券做成**两个圆心**，从侧面看就好像把一个半圆形拱券沿中线劈成两段，"挤扁"后再接在一起。这样做的好处是从力学的角度，**侧推力**变得**更小**了，于是墙可以做得更薄，进而使得建筑的屋顶可以伸得**更高**。

如何从**外部**一眼就区分出哥特式教堂？用一句话来形容——就像**"一只巨大的高耸入云的刺猬"**。从外面看上去，哥特式教堂的特征非常明显。

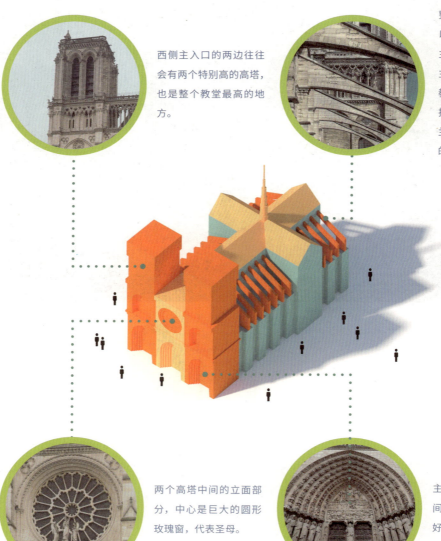

西侧主入口的两边往往会有两个特别高的高塔，也是整个教堂最高的地方。

整个建筑从外面看⸺以直冲云霄的直线条为主，而产生这种感觉的主要原因取决于哥特式教堂独有的经典结构：飞扶壁。例如意大利的米兰大教堂表面就有起伏的飞扶壁。

两个高塔中间的立面部分，中心是巨大的圆形玫瑰窗，代表圣母。

主入口是三个大门，中间的最大，每个门都有好几层线脚，门上雕着密密麻麻的小人。

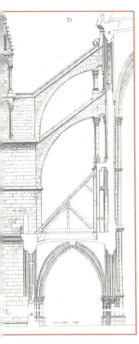

中的飞扶壁结构剖面图

这个**飞扶壁**到底是干什么的呢？还记得我们刚才提到过的，哥特式教堂采用了双圆心拱、骨架券，目的是降低自重，减小侧推力。但是降低和减小并不等于完全取消，说白了，不管如何降低，这些拱顶结构都是会产生或多或少的向外的侧推力。而这些侧推力终究是要用某些构件来抵消的。如果只靠外墙，那么外墙还是要做得很厚才行，否则只能依靠飞扶壁。

从图上我们可以看出，飞扶壁的作用主要是抵住中央拱券的侧推力，并把自身结构充分暴露出来的一种结构，教堂外部大量飞扶壁的重复使用，就产生了一种向上韵律感，同时也是哥特式教堂看上去**像刺猬**的原因，这种外部特征也是我们辨别哥特式教堂的一个重要依据。

米兰大教堂表面密集的飞扶壁

最后我们说说哥特式教堂的另一大特色：美丽的**彩色玻璃窗**。置身于哥特式教堂的内部，往往会有一种**神秘感**，这种神秘感的主要来源就是**昏暗的室内**和与之形成**强烈反差**的**彩色玻璃窗**。哥特式教堂的窗子，最早都是由五颜六色的小块玻璃拼凑成一幅幅**圣经故事画**。

因为当时欧洲还没有印刷术，想写书只能写在**羊皮**上，但羊数量毕竟有限，所以想做到老百姓**人手一本**《圣经》基本是不可能的。况且就算有这么多《圣经》，当时的欧洲人都没几个认字的，那怎么传播基督教呢？一个是靠教士的**口述**，另一个重要的途径就是刻在教堂玻璃上的圣经故事画了。

所以得出结论：彩色玻璃的作用，除了**采光**，最重要的作用就是**传教**。以后大家再去参观教堂，仔细看一下这些玻璃画，大多都是一些圣经故事里的小场景，比如耶稣在给一群人传教，耶稣和他的徒弟讨论问题，圣母抱着耶稣，等等。

窗户上的内容大多讲述圣经故

玻璃艺术的发展与当时**玻璃制造技术**的发展有着密不可分的联系。早期，人们不能生产大面积的玻璃，所以那时候的玻璃窗都是小块玻璃**"拼起来"**的，至于颜色，也是因为当时技术不成熟，玻璃含有**杂质**才会产生各种彩色玻璃。

而且这时候的玻璃主要以蓝色为主，色彩很暗淡；随着后来技术的发展，到了12世纪，玻璃的颜色更多，透明度也更高，面积更大，阳光透过五颜六色的玻璃照进教堂，将墙壁、地面渲染得异常美丽，人们称之为**"天堂之光"**。

13世纪后，单块玻璃的面积可以做得更大，直接在玻璃上**绘画**逐渐代替了用碎玻璃去拼画，这也是后期彩色玻璃窗的一大特点。

阳光透过窗户形成魔幻的投影

在中世纪的西欧，**一座城市**里往往**最高**的就是一座当地的**教堂**，屹立在一群低矮的建筑之上，标定着城市天际线的最高点。欧洲人也将这一城市特色一直保留到了今天。

今天欧洲的大量城市中，普通建筑的高度都会受到严格的限制，城市里最高的建筑往往依然是教堂。也不会有谁为了标新立异而试图去打破这种历史的传承。这就需要生活在城市里的每一个人、每一代人都要在心里达成默契。每次想到这里我都不禁感叹，一座美丽的城市的构建，真的是要有所为，有所**"不为"**啊。

骨架券、双圆心尖券、飞扶壁、玫瑰窗等形式的组合使用，通过大教堂的实践，最终发展成了可以**媲美古希腊和古罗马柱式的成熟建筑体系**。也成了哥特式建筑区别于历史上其他建筑风格最明显的标志。

我们之所以称哥特式建筑是一种伟大的风格，是因为它不仅从结构上继承了古希腊和古罗马并发展完善了这种结构，重要的是它完全创造了一种全新的、不同于前两者的形象并能够广泛传播，这无疑是巨大的进步。

欧洲的小城对建筑高度的限制普遍较为严格

穹顶、帆拱和希腊十字

古罗马帝国分裂后,君士坦丁大帝撇下了西欧,将国家首都迁到了东边,并将这里更名为君士坦丁堡,后人称之为"拜占庭帝国"。在帝国存在的这 1000 年里,拜占庭的皇帝都以罗马皇帝自居,因为论正统性,君士坦丁确实是名正言顺的罗马皇帝。此外他也是**第一个皈依了基督教**(临死前)的**罗马皇帝**。

基督教此时已经分裂为东西两个教派,东边的这个叫作东正教。这里说一下,不同于西罗马皇权和教权的势均力敌,东罗马早期,皇权高于教权,也就是说,在这里,教皇要听皇帝的,皇帝**利用**宗教管理国家。人民对上帝的崇拜决不能高于皇帝。

所以,拜占庭帝国的宗教氛围并不如西边那么浓厚,文化相对于西欧多了一些**世俗**的味道。所谓世俗,就是像它的"老爸"古罗马一样,人们的公共生活非常丰富。而这里临近**东方**,所以在建筑风格上也自然**吸取**了**波斯**和**两河流域**的风格。可以说,拜占庭的建筑是古罗马和东方结合的产物。和西欧的哥特式教堂一样,也形成了自己独特的建筑体系。

东欧拜占庭的教堂和西欧的哥特式教堂到底有哪些**区别**呢？在古罗马的晚期，东罗马也流行巴西利卡，由于教义的不同，东正教的**宗教仪式**主要强调信徒们**亲密和谐**，所以教堂内的核心往往是一个**穹顶之下**的大空间，所有人都置身于这个穹顶之下。而西欧的天主教堂则主要是渲染神秘的宗教气氛，所以内部的中心是圣坛，只是不大的一块地方。由于这种差别，导致东正教的教堂把**穹顶**造得越来越大，越来越高，穹顶成了整个教堂的**精神中心**和**视觉中心**。

巨大的穹顶由下面的多个独立支柱支承，这种形制就叫"**集中式**"。穹顶的结构也成了集中式的决定性因素。从外部看上去，穹顶也成为了整个教堂建筑的最高点，这和哥特式建筑以西侧的塔楼为最高点有所区别。**集中式的大教堂**随着帝国的发展，逐渐成为中世纪时期东欧的主流形式。

集中式教堂典型之一：柏林大教堂内部穹顶下的巨大空间

和古罗马的穹顶不同，我们以之前提到的古罗马万神庙为例。古罗马的穹顶虽然很高大，不过承受整个穹顶重量的依然是下面 6 米厚的封闭石墙，而且由于穹顶是球体，所以下面的空间也**只能是圆形**。

拜占庭匠师们的高明之处在于很好地解决了以下几个问题：

1. 如何把圆形的穹顶建在方形的平面上？
2. 两种不同几何形状要如何优雅地结合在一起而不显得突兀？

你也可以想一想，拿张纸画画，看看有没有什么好的方法。我曾问过身边的很多朋友，大多都答不上来。我们来看看拜占庭人是怎么解决这个问题的。

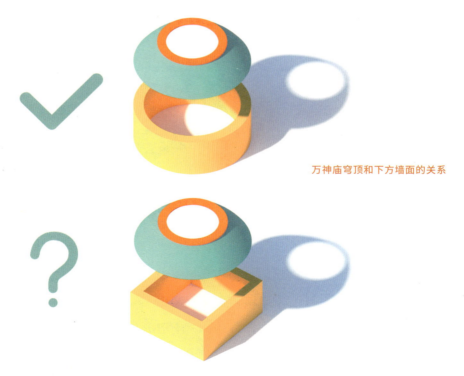

万神庙穹顶和下方墙面的关系

圆顶和方形墙怎么无缝对接，你有好办法吗？

其实这是一道**几何作图题**。**第一步**：找一个方形平面。
第二步：在方形平面的四个边做券，这样就形成了四个券。
第三步：在这四个券上砌筑穹顶，穹顶的直径数值等于下面方形平面的对角线数值。这个过程可能有一点点抽象，为了方便理解，我画了一个简化的图例。

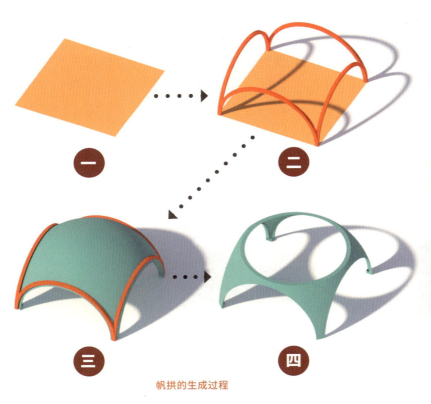

帆拱的生成过程

《神奈川冲浪里》，葛饰

《星夜》，文森特·

这样，圆形穹顶就自然地落到了下面方形平面的四个角的柱子上，省去了封闭的承重墙，侧面也留出了大量的开敞空间。同理，不仅仅是四边形，**八边形**、**十边形**都可以通过这种方式来与**圆穹顶自然地结合**。这种天才的发明其实是受到了当时东边**波斯**和**巴勒斯坦**的建筑手法影响。

敲黑板：不得不说文化术真的在于多融合，好合会产生1+1大于2奇化学反应。就像画家我们都喜欢他的画，也他是个荷兰画家，可如不是受到远在大洋另日本浮世绘的影响，他可能就不会是我们今天的样子了。

总之，拜占庭的匠师们攻克了第一个难关，解决了圆穹顶和方形平面的结合问题，那么第二个问题，如何让穹顶**再高一些，再大一些**？

Ok，接着刚才的模型继续。在方形平面的四个券的最高点上，**水平切**一刀，这样就切出了一个圆形，再在这个圆形的切口上砌一段垂直向上的环形墙，这片环形墙叫作**"鼓座"**。最后再把半圆形的穹顶架在鼓座上。如此一来，穹顶被架得更高了，从外面看上去，统率效果也更明显，这就是建筑中结构和艺术的完美融合。

穹顶
鼓座
帆拱

帆拱结构体系

水平切口和下面的拱券**券洞之间**的**实体部分**，就是拜占庭建筑独创的伟大结构，大名鼎鼎的：

"帆拱"

拜占庭用这个结构完美解决了"老爸"古罗马没解决的**"穹顶下的开敞空间"**问题。因此帆拱、鼓座和穹顶代表的拜占庭建筑才足以与双圆心拱、骨架券和飞扶壁代表的哥特式建筑**分庭抗礼**，两大阵营共同书写了中世纪建筑的华丽篇章。

117

最后一个问题：建筑最外侧的侧推力如何解决？哥特式建筑用飞扶壁，而**拜占庭人**的做法是在帆拱的四个发券外侧，分别用**四个筒形拱**顶住，筒形拱又落在下面两侧的券上。这样，外墙几乎不需要承担侧推力，这些力全部被转移到了筒形拱上。后来，又进一步发展成了用四个半圆的小穹顶来代替四个筒形拱，这样就形成了四个小穹顶加一个中央大穹顶的建筑形式。

帆拱结构体系

从平面上看，正好是一个十字形，区别于西欧哥特式教堂的"拉丁十字"，这个**四条边长度都相等**的十字被称为**"希腊十字"**。"希腊十字"的**交点**就是**大穹顶**。这种旁边小穹顶中间突出大穹顶，将大穹顶作为建筑中心的形制，叫作**"集中式"**形制，形成了独立稳定的风格，足以媲美古希腊古罗马的柱式和西欧的哥特式。被称为"欧洲的客厅"的意大利威尼斯广场的尽头，也有一座希腊十字教堂的代表——圣马可教堂。

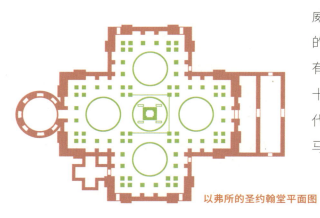

以弗所的圣约翰堂平面图

右上：柏林大教堂
右下：威尼斯圣马可教堂

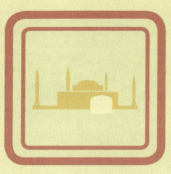

穹顶下的伊甸园：
圣索菲亚大教堂

说到拜占庭教堂的代表,一定要属圣索菲亚大教堂了。"圣索菲亚"的意思是**"神圣智慧"**,也就是很聪明的意思。这座教堂建于拜占庭帝国的极盛时期,代表了**当时**穹顶结构的**最高水平**。不过这座教堂真的是命运多舛,经历过**3次重建**、数次大火和地震(最惨的一次连穹顶都震塌了),被西欧和东边的土耳其轮番欺负(占领加抢劫),后来甚至连功能都被改成了**清真寺**……

"第一版"教堂被称为"大教堂",建于360年。君士坦丁大帝时期建造,后因为国内政治暴动而彻底毁灭。"第二版"教堂是皇帝狄奥多西二世于415年所建,后来毁于暴动引起的大火。

圣索菲亚大教堂

"第三版"教堂建于 532 年,其实也就是上一版被烧毁的几天后,由皇帝**查士丁尼一世**下令建造,也就是我们要说的这座圣索菲亚大教堂。建造这座教堂一是为了显示他对基督教的**虔诚**(笼络民心),二是为了彰显自己的**帝王决心**。所以建筑的形式要**同时满足**这两点,首先,为了达成第一个目的,查士丁尼一世选择了古罗马的巴西利卡作为建筑的基本形式,也就是我们前面提到的方形平面,因为巴西利卡是最原始的教堂形式。

而为了达成第二个目的,他看中了象征古罗马帝国极盛时期建筑典范的万神庙,确切地说是万神庙的超大穹顶。

所以结果出来了,圣索菲亚大教堂必须将这两种形式**合二为一**,就是一个大穹顶落在方形的巴西利卡上。

接到这个艰巨任务的人是特拉勒斯的安提莫斯和米利都的伊西多尔。这两个人一个是**数学家**，一个是**物理学家**，因为在当时，建筑师还不像今天是一个独立的职业。这个时期的建筑师很多兼作科学家或者雕刻家，例如后来的米开朗基罗也是这样，他既能画画，又能雕刻，还能设计房子。

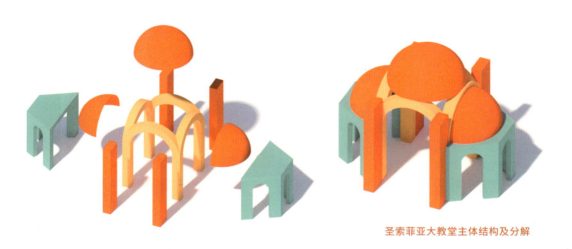

圣索菲亚大教堂主体结构及分解

首先，两个难题摆在他们面前，教堂需要极大的内部空间来显示宏伟的**天国**，结构要如何支撑如此巨大的穹顶而不会倒塌？唯一的方法就是用同样巨大的拱来支撑。但如何抵抗向外侧的侧推力？两位建筑师的解决办法是，在拱的外侧，用**四个巨大的墙墩**和**垂直方向的两个半穹顶**来抵住侧推力。

另一个问题就是，下面的四个拱以90°两两相连，这就形成了一个方形平面，而半圆形的穹顶要如何与这个方形平面很好地结合？你肯定知道了，用的就是前面提到过的**"帆拱"**。

随后 553 年和 558 年的两次地震，使得教堂中心的大圆顶**几乎完全坍塌**，皇帝查士丁尼是很不爽的，好在这时候两位设计师已经死了，否则他们的下场估计会很悲惨。

此后这座教堂的命运可谓是没有最惨，只有更惨。修复后，859 年的大火、869 年的地震和 989 年的地震又使得圆顶遭到了破坏。在第四次十字军东征期间，大教堂也被西欧军队占领，教堂也由**东正教教堂**被改成了**天主教教堂**，教堂中的圣物被抢掠一空。后来拜占庭人又抢回了教堂，不过此时的教堂已经相当破败，1344 年的地震又破坏了圆顶。

圣索菲亚大教堂内部

1453 年，东边的土耳其人占领了君士坦丁堡，此后大教堂又被改成了**清真寺**，今天你看到的大教堂周围有**四个**高高的宣礼塔，就是清真寺建筑的特征。

今天的圣索菲亚大教堂已经成了一座**博物馆**，只不过尴尬的是，这座教堂从最开始的基督教堂到后来的清真寺，在今天，**两个组织**都要求把教堂恢复成它最开始的功能，到底是教堂还是清真寺，这可能真的永远是一笔**糊涂账**了。

今天的大教堂里，墙上能看到当年**拜占庭帝国**的**马赛克拼贴画**，也能看到**伊斯兰教**的**《古兰经》经文**，坎坷的命运给大教堂蒙上了一层厚重的色彩，其实也是这座建筑迷人的地方，就好比历经磨难后**涅槃重生**，见证了历史，承载了历史。

意大利的明珠：
比萨主教堂

中世纪时期的教堂，除了东欧和西欧分别以东正教教堂和天主教教堂为代表的两大方向，"遥远"的意大利则**较少**受到这两种风格的**影响**，由于意大利在这段时间**政治**上**相对独立**，从而建筑风格的发展也相对独立。

威尼斯、比萨、佛罗伦萨等都是当时非常先进的城市，在这些城市里则充满了例如市政厅、商场等公共建筑。天主教对建筑的影响就相对比较小，所以西欧的哥特式教堂也并没有在这里开花结果。由于意大利是古罗马的中心，所以古罗马建筑的影响在这里始终就没断过，**"柱式"**仍然被经常使用，形成了独特的**"罗曼式"**风格。此外，意大利的建筑也**或多或少**受到了**伊斯兰文化**和**拜占庭文化**的影响。

这时期教堂建筑的代表作就是著名的**比萨大教堂建筑群**。教堂是为了纪念 1062 年战胜阿拉伯人而建造。建筑群作为比萨打败外敌的**历史纪念碑**，没有尝试烘托神秘的宗教氛围，也无须彰显皇帝的伟大，所以整体的风格是**端庄、大气**的。

比萨主教堂西立面

整个教堂建筑群由**斜塔**（瞭望塔）、**主教堂**和前面的**圣若望洗礼堂**三部分组成。大教堂的平面依然是一个"高配版"的巴西利卡，两侧有侧翼，西立面并没有像哥特式教堂那样运用雕刻和大花窗，而是**三层古罗马的"券柱式"**，这也是"罗曼风格"的**典型形式**。后面的斜塔在立面上也使用这种形式，由券柱一层层叠加起来，看上去好像是古罗马角斗场的"加高版"。

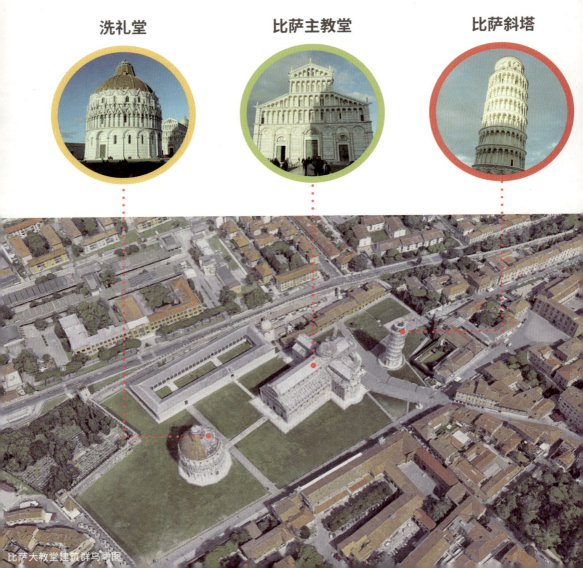

比萨大教堂建筑群鸟瞰图

下的比萨斜塔，孤独又美丽

　　其实相对于教堂，我们更熟悉的是教堂后面的"钟楼"兼"瞭望塔"——比萨斜塔。我自己最早接触这个名字是在小学课本里**"伽利略两个铁球同时落地实验"**那篇课文，当时伽利略就是站在比萨斜塔顶端往下扔铁球的。由于这座塔是斜的，导致它看上去有些**"无厘头"**，也因此迅速蹿红成为一处世界著名景点，知名度超过了教堂本身。其实这座塔楼刚开始的设计是垂直的，只不过由于**地基沉降**，在建造的过程中塔身就开始倾斜，几百年过去，斜得越来越厉害，20世纪90年代，政府曾经花费了约合人民币2亿元去试图**"扶正"**它，结果也十分喜人，扶正了4厘米……

　　其实我倒是觉得如果这座塔有一天真的被完全扶正了，那还有什么意思呢？估计比萨政府跟我想的一样，否则每年也不会有那么多的游客慕名而来参观了。怎么让它继续歪下去，又能歪得安全，多半是今天比萨政府最关心的事吧。

经历了 1000 年漫长的中世纪，后来的东欧拜占庭帝国在 1453 年被土耳其人征服，国家进入伊斯兰文明的统治；而在 14 世纪西欧，以意大利的佛罗伦萨为中心则开启了历史上著名的**文艺复兴时代**。

人文主义的**"再度回归"**对建筑产生了哪些新的影响？古典建筑如何迎来"第二春"？米开朗基罗到底有多强大？直到今天为止依然是"地表最牛教堂"（没有之一）的圣彼得大教堂在建造时经历了哪些风风雨雨？我们下一章聊。

本章·完

第四章 文艺复兴建筑……

西方文明的瑰宝：文艺复兴

就从这里开始吧：佛罗伦萨的穹顶

经典之源：坦比哀多

巨匠：米开朗基罗

宇宙第一教堂：圣彼得大教堂

畸形的珍珠：巴洛克

西方文明的瑰宝:
文艺复兴

文艺复兴是怎么开始的？

话说中世纪的这 1000 多年里，以基督教为代表的教权几乎控制了人们的**全部精神生活**。活在那个时代的人，一生最大的荣耀就是**侍奉上帝**。也不要去思考天为什么会下雨，地球是不是圆的，你这一辈子怎么过，上帝他老人家早就给你**安排**得明明白白了，所以活着的时候要时刻对上帝保持**虔诚**，这样死后才能直接保送你**进天堂**。

直到文艺复兴时期的诗人但丁发表了**《神曲》**，书里就强调了一个事儿：其实人活着不一定非得围着上帝转，好好享受**世俗**的生活，实现人**自身**的伟大**价值**，也 Ok。

《末日审判》，米开朗基罗

这种思想在当时其实挺"反动"的，不过此时科学的发展促进了技术的重大进步；商业的繁荣使得**新兴资产阶级**崛起，这些人崛起后也要争取自己的**政治地位**，于是便以**人文主义**作为**武器**开始向**教权**发起**挑战**。

我们现在听到中世纪这个词的时候，总会有一种这个时期很"**黑暗**"的印象，其实事实**并非如此**。至少在当时，人们的信仰都是高度纯洁而虔诚的。那么"黑暗"这个说法是**怎么传出来**的呢？答案是：

后人（文艺复兴时期的人）在写历史时候**故意抹黑**的。

他们为什么要这么做？主要是由于在中世纪发展到后期，当时整个西欧社会经历了两件很不好的事情：**拜占庭灭亡**和**黑死病**。并且很好地诠释了什么叫作：

●------"没有最惨，只有更惨"------●

第一件大事：东边的"亲兄弟"拜占庭帝国在苦苦支撑了 1000 年后终于被更东边的土耳其人**一锅端**了。其实西欧和拜占庭（东欧）的关系一直很**微妙**，虽然这两位都是**一个妈**（古罗马）生出来的，但关系实际上"塑料"得很。

自打罗马帝国分裂后，双方 1000 年来内讧就没断过。我们熟知的"**十字军东征**"就是西欧的一帮混不下去的流氓打着"上帝"的旗号反复跑到东欧拜占庭**抢劫**的故事。而且像屠城、抢劫这种事也算是家常便饭了。那照这么看，拜占庭被消灭，西欧应该很高兴才对。

敲黑板：拜占庭这个国家在西欧和土耳其中间，真倒霉得不要不要的，两边要哪一方稍微强大了，都跑过来抢一把，虽然西欧拜占庭都是由古罗马分裂来，名义上也算是"一家人"，但由于政权和教权的对立，双方互撕就没停过。由此来，拜占庭在这种恶劣的理环境下还能坚持 1000 年也实属奇迹了。

但如果你这么想就把问题想简单了。土耳其人搞死了拜占庭，会停下来吗？所谓**"唇亡齿寒"**，傻子都知道，只要不出意外，下一个倒霉的基本上就是西欧了。很巧，奥斯曼帝国的苏丹们**也是这么想的**。对于西欧的这群人来说，之前好歹有拜占庭挡着，现在拜占庭挂了，他们就要直面土耳其的蹂躏了。

于是土耳其人马不停蹄地继续向西打。北非、意大利半岛等地连续转手到了奥斯曼帝国手中，直到战线拉得太长，进攻维也纳失败，战局才趋于稳定，这一顿折腾也是把西欧上到教会、下到百姓**吓得不轻**，留下了深深的**心理阴影**。

另一件事才是真正可怕，就是著名的**黑死病**。黑死病也就是**鼠疫**，当时只要得上这种病基本上几天内就可以去见上帝了。人死后皮下出血所以看上去尸体会发黑，又因为这个病只要得上了基本没得跑，**死亡率极高**，所以被称作"黑死病"。

从 1300 年开始，在欧洲各地爆发，直到 1450 年这一百多年间分成几波，直接带走了当时**欧洲人口**的**三分之二**（也有说是二分之一）。

所以你想，如果你是黑死病下的幸存者，你出生的前一百多年到处是这种**过了今天没明天**的氛围，你会对世界怎么看，当然就是暗无天日了。

当时的欧洲还不像今天，没有电视没有网络，甚至连报纸都没有，文艺复兴时期这代人对世界的认识大多就是刚刚结束的黑死病时期。所以基于以上两个原因，中世纪才被扣上了"黑暗"的帽子。

电视剧《黑死病》中医生经常戴的鸟嘴帽子。因为医生同时也负责处理尸体，所以人们将鸟嘴（最早的防毒面具）里塞满了当时被认为可以过滤"毒气"的草药，以保证医护人员的健康。

"死亡之舞"又称"骷髅之舞",是流行于中世纪后期的主要艺术母题,此类艺术作品中强调死神威力的巨大,可见黑死病在当时对欧洲人精神上的摧残之大。

所以初期**文艺复兴**的主要**任务**，就是**扫除**中世纪的这些"黑暗"，建立**新世界**。那么文艺复兴时期的艺术，要怎么做呢？

此时大量古希腊和古罗马的**建筑遗迹**被发现，维特鲁威的

文艺复兴三杰之一拉斐尔的《雅典学院》

《建筑十书》沉寂了 1000 多年重新被发表，人们发现相比于**落后**的中世纪，原来我们的老祖宗还有这么伟大的文明！可是为什么没人告诉我们啊？更可气的是，这么伟大的文明原来是被中世纪和基督教给**搞死**了！

基于以上原因，文艺复兴时期各个领域的大师们都试图去**恢复**古希腊和古罗马的文明，具体的**途径**是通过绘画、建筑、戏剧、文学等，但**核心**是要恢复以古希腊和古罗马为代表的**人文主义**和**理性精神**。就是重新肯定人的地位、人的伟大。人要做自己的主人，我们不为神活，我们为自己活。

所以文艺复兴时期的大师们都以古希腊和古罗马为学习的对象,力图去恢复老祖宗昔日的光荣。但是**教会**是肯定**不爽**的,理由很简单:**你们都为自己活了,谁来孝顺上帝?** 而且当时的教会几乎就是**官方最强力量**的代表,这种对上帝有"不忠"想法的人都是**"异端"**,必须毫不留情地打压。所以,文艺复兴的人文主义大师们之所以伟大,并不仅仅是他们的艺术成就,更重要的是他们敢于为了真理去挑战权威的勇气,很多人为之奉献了自己的一生甚至是生命。

14 世纪开始,意大利通过发达的商业首先出现了**资本主义萌芽**,紧接着蔓延到了整个西欧。直到 16 世纪,**意大利**都是文艺复兴的**核心**,最开始在佛罗伦萨,后期转向了罗马。本质上其实就是一场对古希腊和古罗马文化的**"寻根"**运动。思想核心是象征自由的人文主义,要对抗的是中世纪教会对人们思想的禁锢,并重新肯定人的伟大,强调人不能再匍匐于神之下。

诗人但丁写出了《神曲》,标志着中世纪末期人文主义开始觉醒

就从这里开始吧：
佛罗伦萨的穹顶

诗人但丁与《神曲》

之前提到过，文艺复兴是一场**文化领域**的**全面革命**。如果说但丁的《神曲》标志着文艺复兴文学上的开始；达·芬奇的《蒙娜丽莎》为文艺复兴的艺术家指明了方向；那么在**建筑领域**，打响文艺复兴**第一枪**的一定要属佛罗伦萨主教堂大穹顶的建成。

13世纪末期，佛罗伦萨的行会从贵族手中夺取了政权，为了庆祝胜利，市民们打算在城内建造一座属于自己的教堂。1296年，由建筑师**坎皮奥**操刀进行教堂的设计。佛罗伦萨人希望通过这座教堂来证明人民的力量能够化腐朽为神奇，于是选了一块原本奇臭无比的**垃圾场**作为建设场地。整个教堂的平面采用了**拉丁十字式**，但教堂的歌坛部分却设计成了原本只属于东方的集中式，并打算在其上建造一个**穹顶**来体现新政权的权威。整个教堂光是主体部分就建了70年，这期间，由拉斐尔的老师，也是文艺复兴时期几乎所有画家的精神导师**乔托**，于1334年设计建造了教堂前面的钟塔。

黑板：中世纪的绘画中，人在面前必须像蝼蚁一般卑微。而尔仔细看文艺复兴时期达·芬的《蒙娜丽莎》，你会发现画的那个女人自信、端庄，仿佛是"仙女"一般，达·芬奇故将"神性"赋予给了人。

佛罗伦萨主教堂的穹顶和钟塔

但随后这座教堂的建设便尴尬地陷入了**停摆**状态,原因是当时的市民们想建造一座形象鲜明、举世无双的大穹顶。我们回想一下文艺复兴之前的穹顶建筑,从古罗马的万神庙到圣索菲亚大教堂,它们的穹顶虽然做得也很高很大,但从外面看过去,穹顶的形象依然**不是很明显**,很大一部分球面其实是被外面的结构包住的。这在当时的技术条件下也是没办法的事。

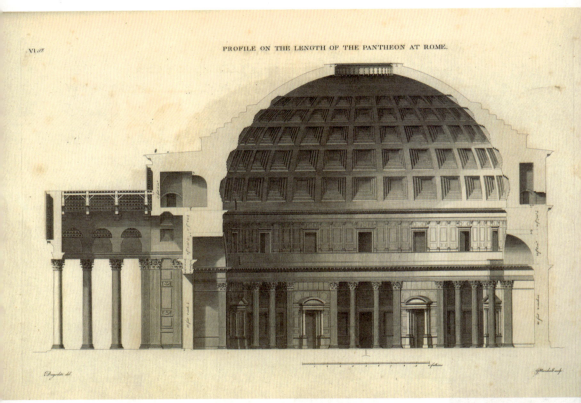

万神庙的穹顶,由于当时技术限制,使得从外部看上去,穹顶的形式并不明显

所以要做出一个**完全暴露**的穹顶,在当时绝对是个**超级难题**。而且也没有一个建筑师敢站出来接这个烂摊子,毕竟这座教堂寄托了人们太多的希望,用纳税人的钱盖了 70 年,差一个顶就完工了,你上去搞了半天把房子给搞塌了,赔钱或晚节不保都是小事,老百姓的口水都能把你淹死。

于是之后的长达半个多世纪里,这座教堂一直处于一个**"露天"**(没有顶)的尴尬环境中。

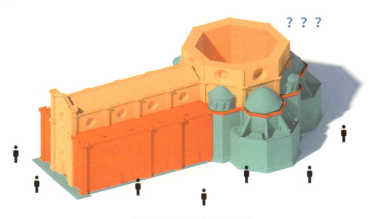

"秃头"的佛罗伦萨主教堂

直到 15 世纪,我们的主角**伯鲁乃列斯基**登场,才解决了这个"百年难题"。关于伯鲁乃列斯基的生平,我知道的很少,不是因为我不用功,是这个人确实比较低调。只知道他早年当过画家、雕刻家,而且还做过金匠,是古罗马和古希腊的"铁粉"。他还有一个特别的身份:坚定的**人文主义者**。

伯鲁乃列斯基

当时他受到佛罗伦萨一个**神秘家族**（具体是哪个家族我先不说）第二代掌门人委托，进行穹顶的设计。其实从教堂主体完成直到伯鲁乃列斯基接手的几十年间，佛罗伦萨政府一直在招募全欧洲的优秀设计师来进行穹顶方案的**设计竞赛**。当伯鲁乃列斯基经手这个项目时，他提出一个令人诧异的要求：在建成这座教堂之前，除了工人以外，任何人不得查看他的图纸，当然，他也不会对任何人透露自己的穹顶建造计划，这其中包括市民与他的资助者。完全是搞**暗箱操作**。

敲黑板：建筑行业里，正‍的工作顺序一般是甲方（‍盖房子的人）先提出要求，建‍筑师来做方案，然后在给甲‍方的 n 轮汇报中，双方逐渐‍达成一致。方案完成后，才‍能进入施工建造阶段。

1420 年，佛罗伦萨政府邀请了英国、法国、西班牙等几个国家的建筑师来进行大教堂穹顶的竞标，当时所有的建筑师都带上了自己方案的草图和模型，在大家介绍了自己的方案之后，却没有哪个人敢说自己有**百分之百**的把握搞定这个超大的穹顶，除了伯鲁乃列斯基。

佛罗伦萨主教堂鸟瞰图

他放话只要让他来做，保证还佛罗伦萨人民一个完美的大教堂。于是大伙让他秀一下自己的方案，只见他拿出一个鸡蛋，问在场所有人谁能将鸡蛋平稳地放在桌上而不会到处滚动。

所有人都尝试了一遍，结果鸡蛋当然会在平滑的桌面上滚来滚去。大家都失败后，就让伯鲁乃列斯基公布答案。他拿起鸡蛋往桌上一磕，鸡蛋就**立住**了（原来是个熟鸡蛋！）。其他人看到他这么胡搞，立刻开始发出**"这谁不会啊这算什么我也能啊"**的嘲讽。

等现场安静下来，伯鲁乃列斯基说，这个穹顶该怎么建，你们既然都没有好的办法，如果我现在公布了，你们一定也会是这个反应。

所以他坚决不公布自己的方案。最后政府只得决定将这份工作交给他来做，而其他的人则等着**看笑话**。

穹顶就在这一年开始动工，伯鲁乃列斯基亲自指导了施工的全过程。11 年后，这座**高达 106 米**的当时世界上最大的穹顶建造完成。之前提到过，建筑建得越高，穹顶造得越大，结构向两边的侧推力就越大。

伯鲁乃列斯基采用了几种解决办法。首先，这个穹顶从侧面看上去并不是一个类似圣索菲亚大教堂或万神庙那样的半球形，而是**矢形**的，这个手法是受到了哥特式教堂中**双圆心拱**的启发。

佛罗伦萨主教堂穹顶剖面图

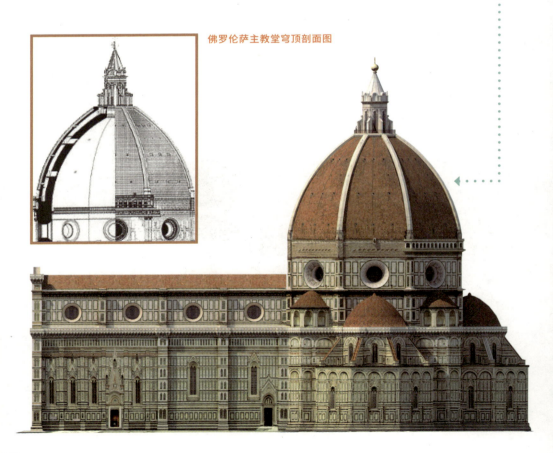

另外，这座穹顶分**里外两层**，中间是空的，**中空**的结构则大大减轻了穹顶的重量，也从另一个角度减小了侧推力。为了进一步抬高穹顶，在教堂主体和穹顶之间垫了一段 12 米高的**鼓座**，这则是吸收了**拜占庭建筑**的手法。

一般情况下，在建造穹顶时都会搭建木架作为临时支撑，但为了省钱，伯鲁乃列斯基发明了一种类似"箍"的结构，从下自上，每隔一段距离将穹顶支撑住，最上面则用一个不大的采光亭压住，这种新的结构做法，可以说是伯鲁乃列斯基首创的。穹顶建成后，由**瓦萨里**在穹顶内侧 1096 平方米的表面上画满了精致的壁画**《最后的审判》**。

佛罗伦萨主教堂穹顶内部壁画，由瓦萨里绘制

我们之所以认为这个穹顶的建成标志着文艺复兴建筑的**开端**，是因为在这之前的西欧，普遍流行着**哥特式**的风格，对于当时的人来说，**圆形、穹顶**这些形象都是**东方"异端"**（东正教）的建筑形式，在西欧天主教的眼皮子底下建起一座具有东方风格的建筑，自然少不了天主教会的各种阻挠甚至迫害。

佛罗伦萨主教堂立面细节

站在钟塔上可以看到整个佛罗伦萨的景色

如果说文艺复兴在思想上是继中世纪后，把人文主义**重新带回欧洲**；那么在建筑这个战场上，伯鲁乃列斯基则是坚定地复活了象征**民主**和**自由**的古罗马穹顶。

用**艺术手段**来挑战教会的**专制**，这本身就需要极大的勇气和魄力。而且穹顶无论是在施工的精致程度还是规模上，都远远超过之前的任何建筑。这座建筑留给后来的文艺复兴人文主义者们的，不光是一座城市的纪念碑，而是一种**精神**上的**支柱**，鼓舞并影响着后来的建筑师。

即使此后米开朗基罗在设计圣彼得大教堂时，连他自己都说不可能再建造一个比佛罗伦萨主教堂的穹顶更美的穹顶了。

大穹顶的故乡——美丽的佛罗伦萨，徐志摩笔下的"翡冷翠"

最后揭晓一下伯鲁乃列斯基**背后**的那个**神秘资助者**,叫作柯西莫·美第奇。他来自那个大名鼎鼎的**美第奇家族**。这个家族有多厉害呢?文艺复兴的中心在佛罗伦萨,城市的实际控制者就是美第奇家族。当时意大利几乎所有的艺术家和建筑师都是被他们"**赞助**"的,其中包括我们熟悉的"文艺

乌菲兹美术馆

复兴三杰"——达·芬奇、米开朗基罗和拉斐尔。美第奇家族给了他们大量**创作机会**和**金钱资助**;赞成"日心说"的伽利略,如果没有美第奇家族的保护,早就被教会送上火刑架烧了。还有"鬼才"波提切利,"百科全书"瓦萨里,等等。

柯西莫·美第奇

敲黑板:这个家族靠经商起家,但又绝不仅仅只是有钱。家族成员里有人做到了佛罗伦萨最高统治者(科西莫·德·美第奇,洛伦佐·美第奇等),有人做到了教皇(利奥·美第奇等),真正的"政、商、教"通吃。今天佛罗伦萨最著名的乌菲兹美术馆当年就是他们家的办公室,碧提宫则是他们家的住宅……

美第奇家族"赞助"团队

拉斐尔

提香

卡拉瓦乔

米开朗基罗

马萨乔

总之，这是一个**有钱**又很**有品位**的家族。没有他们的赞助，当时的很多艺术家可能不会有机会创造出这么多的杰作，佛罗伦萨也许就不是今天我们看到的样子。

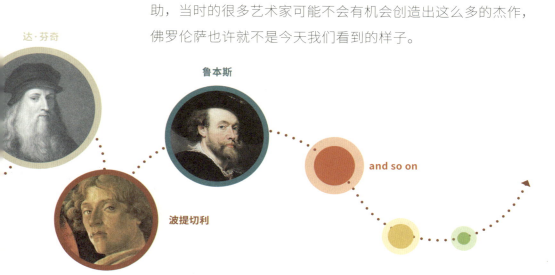

达·芬奇

鲁本斯

波提切利

and so on

经典之源：
坦比哀多

黑板：由于当时罗马的教皇利奥十世（也是美第奇家族的人）热衷于艺术，促当时意大利的顶级艺术家们纷纷向教廷中心罗马城聚集，为之服务。文艺复兴的中心也逐渐从早期的佛罗伦萨转向了罗马，罗马城成了这些大神们展示自己才华的舞台。

时间来到了 16 世纪，文艺复兴进入了**全盛**时期，人文主义精神此时已经在意大利**遍地开花**，古希腊和古罗马的理性精神终于在消失了 1000 年后再次回到了欧洲这片土地。

这时期的艺术家们发现，原来在中世纪之前自己的祖先还拥有过如此辉煌的文明！那么作为后人的我们当然要把这些伟大的文明**传承**下去。而且意大利当时刚刚被法国和西班牙轮番侵略，战争就发生在意大利的土地上，也激起了当时意大利知识分子们的**爱国情绪**，古希腊和古罗马时期的辉煌，就成了当时激励意大利人奋斗的精神支柱。

所以文艺复兴盛期的艺术家们最重要的工作之一就是**学习**和**模仿**古希腊和古罗马，当然建筑也是如此。古典的**"柱式"**被重新使用，建筑的风格逐渐发展为古典时期的**注重比例**、风格**沉稳大气**的**纪念碑风格**。一座座致敬古典的建筑也在罗马城如雨后春笋般被建造出来，这里面最伟大的作品之一就是伯拉孟特设计建造的坦比哀多。

坦比哀多，安静地坐落在一个小院子里

罗马城内的甲尼可洛山上有一座教堂，教堂侧面一个很不起眼的小院子里，相传是**圣彼得**当年被罗马人迫害，被钉上十字架的**原址**所在。如果这事儿是真的，这块地方也算是个**圣地**了。

伯拉孟特最早是个画画的，后来到了罗马，几经折腾成了教廷的**御用建筑师**。作为一个古典建筑的"铁粉"，他早年调研了大量古罗马建筑，老师则是文艺复兴时期著名建筑理论家**阿尔伯蒂**。恰巧

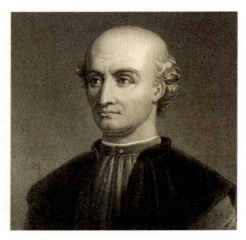

文艺复兴盛期最著名的建筑师之一：伯拉孟特

阿尔伯蒂也是个古典建筑迷，他通过一系列著作对古典风格教堂的理想样式进行了探讨，例如大气稳重的形态、穹顶、古典柱廊、柱式的运用等。

这些思想深深**感染**了学生伯拉孟特，这也使得后来他设计的坦比哀多，作为一个**天主教建筑**却拥有**古典建筑**的**一切特点**。

首先，这座教堂非常小，说它是教堂有点勉强，基本上就是一座**小庙**。外墙直径 6.1 米，平面是一个标准的圆形，集中式的平面分内外两层，外层是一圈古典多立克式的柱廊。内层由一圈墙体围合而成，为了减小墙体的重量，在上面切出了许多龛和方形窗。

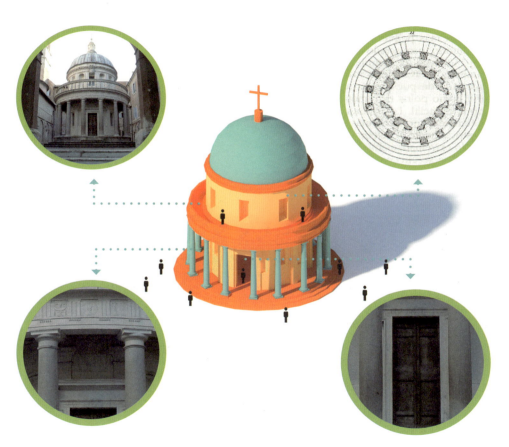

柱子上承一段鼓座，再往上则是一个完美的半圆形穹顶，加上上面的十字架，总高度也只有 14.7 米。而半圆形的穹顶完全由墙来承重。整个建筑的各部分比例和谐，体现着古希腊文化中的**几何之美**。

这种以形象鲜明、标准的**半圆形穹顶**作为整个建筑的**统率**，结合柱廊的集中式建筑形制，由伯拉孟特发扬光大。而坦比哀多之所以伟大，就是因为这座建筑以及它承载的形式，几乎**重新定义**了后来的欧洲宗教建筑的形式标准。在当时，这座小教堂几乎满足了人们对于自己老祖宗（古罗马）建筑的一切美好幻想。

伯拉孟特之后用这种手法设计了梵蒂冈圣彼得大教堂，后来几百年里，欧洲很多重要的建筑都**反复沿用**了这种形式，例如英国的圣保罗大教堂、美国的国会大厦等。今天我们中国人对所谓的"欧式建筑"最直观的印象也基本是来自于它们，而这一切的**源头**都来自**坦比哀多**。

左：伦敦圣保罗大教堂穹顶；右：美国国会大厦穹顶

欧洲的很多教堂都是为了**献给**某个基督教的**大人物**而建的，这里面人气比较高的分别是："上帝的儿子"——**耶稣**；"耶稣的老妈"——**圣母玛利亚**；"耶稣的十二个跟班（门徒）"——例如**圣彼得**（也翻译成圣伯多禄）、**圣安德烈**等；"耶稣的迷弟"——**圣保罗**。之所以提这几个名字，是因为我们中国人比较熟悉的一些欧洲的大教堂，都是以献给这几个人的名义来建造的。

比如巴黎圣母院（给圣母）、罗马圣彼得大教堂（给圣彼得）、伦敦圣保罗大教堂（给圣保罗），前面刚提到的佛罗伦萨主教堂，全称叫作**圣母百花大教堂**，供奉的也是圣母玛利亚。在意大利，尤其是罗马，走在街上你会发现**很多个**圣母玛利亚教堂，有大有小。

巨匠：
米开朗基罗

提起文艺复兴,一定绕不开**"文艺复兴三杰"**:

"科学怪人"   **"直男巨匠"**   **"少女杀手"**
达·芬奇   **米开朗基罗**   **拉斐尔**

黑板:历史中早期的艺术往往都是"全才"。画家、雕刻家和建筑师、机械工程师这几大专业是不分家的。第一章提到过的古希腊的迪亚斯开始,雕刻师和建筑师往往可以由一个人兼。那个时候处理建筑外形和内部装饰的手法不像科技发达的今天这样多,主要就靠雕塑和壁画。

我曾问过身边的一些朋友,大多数人的印象中,这三个人好像都是画家,而事实远不止如此。达·芬奇不光画出了《蒙娜丽莎》,他最引以为自豪的职业其实是**工程设计师**,画画只是他的**副业**而已。他一辈子设计了无数在当时看上去稀奇古怪的东西,例如直升机、机关炮、坦克等。

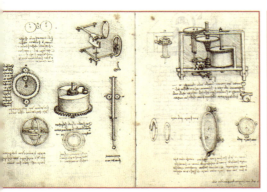 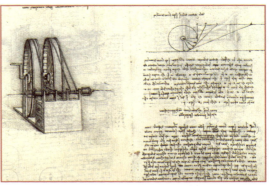

莱昂纳多·达·芬奇关于机械设计的手稿

拉斐尔则不光画画得好,同时也是教皇的**御用建筑师**;而三人当中把建筑玩得最"6"的,就是米开朗基罗了。他一辈子就死磕三样东西,首先是**雕刻**,其次是**绘画**,然后是**建筑**。三杰里面只有他真正做到了**"干一行,精一行"**。

米开朗基罗的**成名作**是现存于圣彼得大教堂里的《**圣母怜子像**》。凭借这座雕塑，**24 岁**的他一夜之间**红遍罗马**。仔细观察这个雕塑，圣母玛利亚抱着自己死去的孩子耶稣，表情安详平和。雕塑中的玛利亚非常年轻，并不像一个三十多岁男人的妈。这跟《圣经》中玛利亚的**人设**有很大关系。在基督教的包装中，玛利亚小姐完成了一项即使在科技高度发达的今天都无人做到的**医学奇迹**：以**处女**身份**生了一个孩子**。《圣经》里这么写估计是想突出她的**纯洁**，毕竟哪个**凡人**配作耶稣的父亲呢？所以历代艺术家们对玛利亚的形象达成了高度一致：

年轻、貌美、纯洁

而且这个雕塑也是米开朗基罗一生当中唯一一个**签了名**的作品，现在是圣彼得大教堂的**镇馆之宝**。

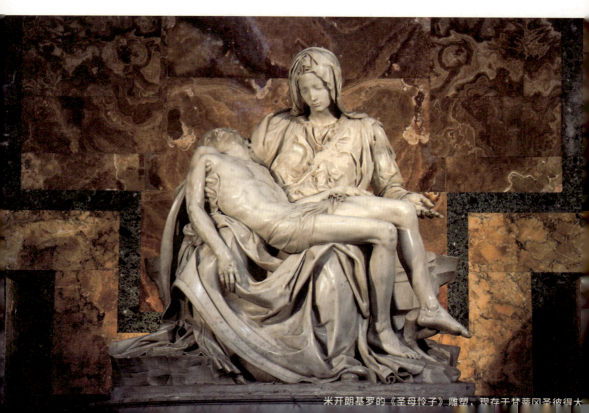

米开朗基罗的《圣母怜子》雕塑，现存于梵蒂冈圣彼得大

两年后，他回到了故乡佛罗伦萨，用了4年时间完成了另一项杰作：全中国艺术生童年的噩梦，拥有全世界最完美身材的《大卫》。我小时候学画画，画到人物阶段，第一个要画的就是"大卫头像"。这个头只记得当时快要画到吐了，后来过了很久才知道原来是米开朗基罗雕塑上的一部分。

这个叫大卫的人，年轻时曾经以一己之力单挑战无不胜的非利士巨人歌利亚，并成功杀死后者。其他艺术家在描述这个场景时，大多喜欢表现大卫杀掉巨人后割下其脑袋的画面。而米开朗基罗则另辟蹊径，选择了大卫手拿投石器准备攻击歌利亚前的瞬间。也正是米开朗基罗抓住了这一瞬间，使得整个雕塑的戏剧性大增。不过关于雕塑的完美性，后世还有一些争论。因为大卫的脑袋和手相对于身体的比例都要比实际中的人大不少。官方说法是这样相对于仰视的观众而言，大卫整体显得更加挺拔，但这事儿也没法验证，就当作不是米老先生的"手误"吧。

米开朗基罗的《大卫》雕塑

 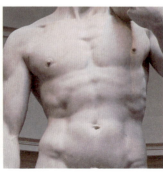

《创造亚当》

西斯廷礼拜堂的天顶组画，米开朗基罗挑战了人类绘画意志的极限之作

  绘画方面，他最著名的作品要数西斯廷礼拜堂的天顶画了。这组画画在一间大屋子的屋顶上，面积有惊人的 600 平方米，343 个人物，内容是《圣经》里九个重要场景，米开朗基罗独自用 4 年时间硬是"刚"下了这幅杰作。有人说："如果你没看过米开朗基罗在西斯廷礼拜堂的画，你很难想象一个人究竟可以做什么。"

宇宙第一教堂：
圣彼得大教堂

今天的罗马梵蒂冈中心，有一座全宇宙（在没有发现外星文明之前）最大、最奢华、最有故事的教堂——圣彼得大教堂，注意以上说法后面**没有"之一"**。

伯拉孟特、米开朗基罗、拉斐尔、贝尼尼等一批文艺复兴**顶级建筑师**轮番上阵，大家各抒己见，配合无间，欢乐地完成了这个旷世建筑……

如果你相信了以上描述，那就太单纯了。事实上，这么多大神级别的建筑师，再加上几个心怀鬼胎并乐于提意见的教皇，在文艺复兴的中后期上演了一场**人文与专制**、**进步与落后**、**先进和反动**的——拆了建、建了拆、拆完再建，前后持续了足足 120 年的**世纪拉锯战**。

鸟瞰圣彼得大教堂

要彻底梳理清楚这座建筑曲折的建造史,我们还是要了解一下当时的**大环境**。前面提到过,文艺复兴的大师们都是以古希腊和古罗马的人文主义为思想武器,同当时主张教会大于一切的天主教会进行斗争,说得再直白些,你可以大致理解为**"象征正义与进步的人文主义者"**同**"象征封建与保守的宗教统治者"**之间的**PK**。

中世纪以来,保守的宗教势力一直处于上风,文艺复兴早期,人文主义势力抬头,获得了阶段性的胜利,但是支持人文主义的大多是当时新兴的**资产阶级**(主要是商人),势力毕竟有限。

16 世纪,由于对外战争和经济衰退,资产阶级又被教会打压,人文主义遭受**"重挫"**,差点被搞死。

你可能还会问一个问题：**为什么教会和人文主义就一定要死磕呢？**

首先，人文主义坚信人是世界上最伟大的，世界的一切是可以通过人自己的实践去发现的，所以**人文主义的发展**必然会导致**科学的发展**；那么照这样探索下去，很可能大家最后会发现上帝**也许**是"不存在"的，那你让上帝在人间的代言人——**教会**情何以堪？我们上千年统治的**合法性**不是被你一句话就**废掉**了么？所以我们才会看到欧洲历史上每当人文主义抬头，教权（有时候是皇权，一回事）必定对其打压迫害。

而我们这节的主角圣彼得大教堂就是建造于这个"纠结"的时期，"正邪"两派互相拉锯，一会儿人文主义占上风，一会儿教廷占上风。双方都想按照自己的**世界观**和**统治需要**来修建教堂。所以从圣彼得大教堂中，我们可以看到不同时期、不同势力、不同建筑师留下的痕迹。

大教堂西立面广场

故事要从公元 4 世纪说起，伟大的君士坦丁大帝为了纪念圣彼得，于是打算在圣彼得的坟墓上建造一座**圣堂**，采用罗马的巴西利卡形式。1503 年，罗马教皇尤里乌斯二世下令**重建**这座圣堂，此时的圣堂已经**破败不堪**，于是当时教皇的御用建筑师**伯拉孟特**建议拆掉重建，并

圣彼得

为其设计了新的方案。几年前，伯拉孟特刚刚设计了坦比哀多，鲜明的**古典纪念碑风格**在当时的建筑界迅速走红，这也是他被任命为大教堂的总设计师的原因之一。对于新教堂，

尤里乌斯二世

大土豪尤里乌斯二世要求很简单：**空前绝后**。当时全西欧最大的建筑是一千年前古罗马万神庙，所以伯拉孟特被要求建造一个在**各方面**都要**超过**它的巨无霸教堂。他对自己的方案也很自信，放话"要把万神庙（古罗马第一大穹顶）举起来装在和平庙（古罗马第一大拱券）的拱顶上"。

第一局：人文主义者的方案

敲黑板：在伯拉孟特之前的人文主义者从古希腊开始，毕达哥拉斯，柏拉图，维特鲁威，到后来的阿尔伯蒂，帕拉第奥，达·芬奇和布鲁乃列斯基，对于什么是美的普遍形式都有一个大致的定论：高度简洁的原始几何形式，并强调正方形、圆形才是万物之本。

伯拉孟特是一个坚定的人文主义者。所以以伯拉孟特为代表的**人文主义阵营**一直以建造一座**正方形**和**圆形**的大教堂为目标。

尤里乌斯二世也希望彰显自己古罗马帝王般的光辉形象，所以，尽管伯拉孟特的方案并不是当时天主教会流行的拉丁十字式，而是一个集中式的希腊十字式，教皇尤里乌斯二世也**接受**了这个方案。建筑的四臂长度相等，外包四个方形塔楼，四个立面被设计成**完全对称**，形式相同，可以说是"**坦比哀多 2.0 加强版**"。

1506 年教堂开始建造。可是仅仅 7 年后，教皇尤里乌斯二世就去**见上帝**了，紧接着 1514 年伯拉孟特也去世了。从此，围绕着大教堂的意识形态和建筑形式的大战**拉开序幕**。教会和人文主义交锋的重点在于教堂到底该采取什么形制。

第一局——
伯拉孟特代表的人文主义阵营提出集中式形制暂时获胜。

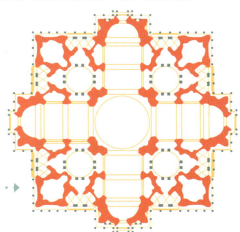

伯拉孟特的平面，一个四边相等的集中式教堂

第二局：教会的反攻

前任教皇去世，上路时还顺便带走了建筑师，于是接班的教皇利奥十世启用了新的工程负责人，就是我们的"老朋友"拉斐尔。没错，他不仅是当时风靡罗马的**"颜值画手"**，同时也是利奥十世的**御用建筑师**。不过利奥十世和他前任尤里乌斯二世的**想法完全不同**。他是一个坚定要求恢复天主教神圣地位的教皇，所以他要求教堂设计方案必须**改回**天主教的标准形制——拉丁十字式。

对于教皇的要求，**"乖宝宝"**拉斐尔并没有站在人文主义者一边，而是改掉了伯拉孟特的设计，将教堂的西侧加长出一段巴西利卡，这就使得教堂形成了一个"三短一长"的拉丁十字。这样设计之后，导致了人们从西侧的广场上只能看到建筑的西立面，原来的大穹顶在整体上也完全**失去**了**统率作用**。只剩下教堂的东端部分，因为当时已经建成，所以只得保留了伯拉孟特的设计。至于拉斐尔设计的西立面，当时的评价也**并不高**。**第二局**——教会阵营扳回一局，并暂时控制住了局面。

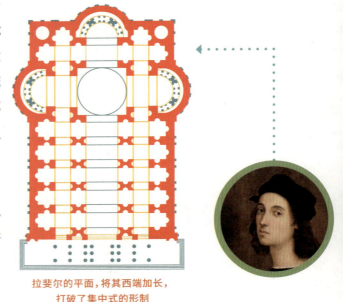

拉斐尔的平面，将其西端加长，打破了集中式的形制

马丁·路德在传教

不过好在拉斐尔的方案并没有得到太多实施，1517 年德国爆发了以 **马丁·路德** 为首的欧洲史上著名的 **宗教改革运动**，其实这事儿多少还和大教堂的建造有些关系。路德的宗教改革主要反对教会此时大肆发行的一种叫作 **"赎罪券"** 的东西，它是干吗用的呢？好比你做了坏事，交点钱，买几张教会"官方发行"的赎罪券，就能洗涤自己的灵魂，上帝也会选择 **原谅你**；买得多甚至能成为"伟人"。你可能会觉得这不就是变相地骗钱吗？

你错了，是 **明目张胆地骗钱**。

建这么大的教堂肯定需要很多钱，不过赎罪券这种借口未免也太过搞笑，也不知道当初是谁想出来的。所以以路德为首的一帮天主教徒不干了，觉得你们这就是在污蔑上帝。于是他们成立了 **"路德教"**，也就是后来著名的基督教 **"新教"** 派系。两个教派打来打去，加上此时西班牙军队一度攻占了罗马，社会一时乱作一团，教堂的施工也就 **暂停** 了。

敲黑板： "新教"和老牌"天主教"具体有哪些不同，说来话长，大概介绍下。天主教里"教会"是老大，人们要听从教会的训导，因为教会是上帝在人间的"代理"。新教则提出"因信称义"，不要教会，每个人都可以平等地通过自己来直接和上帝对话，教会那帮人是不靠谱的，赎罪券就是最好的证明。

第三局：持续的拉锯战

直到二十多年后，教堂才重新开工，这次的负责人叫作**帕鲁齐**，也是当年伯拉孟特手下的**小弟**。帕鲁奇也是支持人文主义一边，想将教堂恢复成老领导伯拉孟特当年设计的集中式，但估计是政治手段不高，还没开干就被排挤走了。

接班的**小桑迦洛**也是当年伯拉孟特的跟班，但他拗不过教会，依然维持了拉斐尔的拉丁十字形式。不过他偷偷地将教堂的东部依旧按照伯拉孟特的方案建造了下去。西边虽然被迫保留拉丁十字的形式，但他巧妙地运用一个小希腊十字代替了拉斐尔的巴西利卡方案，目的是让教堂的整体风格仍是**集中式**形制**占优势**。

不过他的方案也没有太大的进展，十年后小桑迦洛去世。**第三局**——人文主义者尝试反扑，不过教会势力依旧强大，形势**相当不乐观**。

帕鲁齐的平面，恢复了集中式的形制

小桑迦洛的平面，恢复了集中式的形制

第四局:"米工"降临

时间进入 16 世纪上半叶,这边**天主教**与**新教**打得不亦乐乎,另一头教皇保罗三世请来了当时红遍意大利的米开朗基罗来主持大教堂的设计。已经 72 岁的"米工"还很有激情,不但开朗地接了这个活,而且扬言自己设计的教堂要**碾压古希腊和古罗马的一切建筑**。

前面提到过,**米工**是一个坚定的人文主义者,对待教皇的态度一直都是**"莫挨老子""不服就怼你"**。无奈他实在太出名,教皇们又不敢把他怎么样。老爷子刚到任就**实名贬低**了小桑迦洛的方案,认为他将伯拉孟特的方案修改成了一坨**屎**。于是他恢复伯拉孟特设计的希腊十字式的集中式平面,在西立面设计了象征古典的柱廊。至于**穹顶**,将伯拉孟特的方案向前推进了一步,更加**突出**和**饱满**。

> 小黑板:我们建筑行业关于同行之间的称呼有一个不成文的规定,一般会在一个人的姓后面加个"工",比如一个人姓王,同行就会叫他"王工",姓刘就叫"刘工"。这种命名方式看似毫无破定,但实际上存在着非常严重的 bug。比方说如果你姓"周"或者姓"龚",姓"雷"等,每次人家叫你的时候就会很尴尬。提这事儿因为平时我自己也深受其害,我姓吴。所以一般我在公司都会跟人说"叫我小吴就行了"。

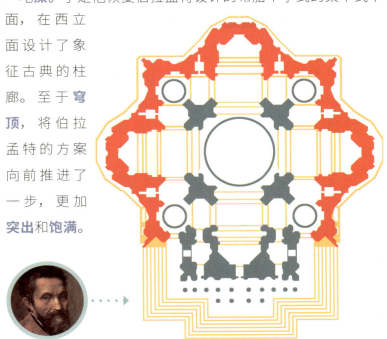

大教堂的金色穹顶

对于他的修改，教皇保罗三世则是**无条件服从**，因为他自己也是个艺术迷，所以对于米工的方案，他给出了一个甲方**"全部的爱"**：工地上你说了算，你想怎么建就怎么建，之前任何人做过的设计你想怎么改就怎么改，想拆哪里就拆哪里，并告诉工地上所有的人必须听从米工的安排。

米工的方案得到了很好的执行，在他去世的时候，教堂依旧按照他的方案进行建设，继任的教皇庇护四世和庇护五世对外发出警告：**任何人不得改动米工的设计**。今天我们能看到的圣彼得大教堂的穹顶，就是当年建筑师**泡达**和**封丹纳**根据米开朗基罗的设计建造的。

敲黑板：在这座大穹顶里，米工兑现了伯拉孟特的承诺，真的是"将罗马的万神庙举到了天上"。穹顶直径和万神庙相当，但最高点的高度是万神庙的3倍。穹顶正下方是圣坛，现在放着贝尼尼设计的青铜华盖，再往下是一个巨型墓室，正中央就躺着圣彼得，周围是几十位天主教大教宗。

在当时的天主教国家,按照《圣经·启示录》的说法,到了**"世界末日"**的那天,上帝会降临人间进行一场**"末日的审判"**,这时候世上所有的人(包括已经死了的)都要根据自己的行为接受评估。

人们生前的所有行为都被记录在案卷里,信仰上帝,生前多做好事的,就**上天堂**;不信的,生前作恶的,就**下地狱**,被扔进火湖永世煎熬。

之后的 1564 年,建筑师维尼奥拉设计建造了大穹顶周围的四个小穹顶,引入了拜占庭建筑的手法。这四个小穹顶直到今天也还在。**第四回合**——人文主义者完胜,象征人文主义的集中式大穹顶终于在米开朗基罗的坚持下被建成。

第五局：人文之火熄灭

好景不长，宗教改革运动最终还是遭到了天主教会的**封杀**。16世纪中叶，面对文艺复兴和新兴资产阶级的崛起，全欧洲的封建国家和教会终于**忍无可忍**，开始全面反攻。过程很血腥，感兴趣的就关注下欧洲宗教战争。反正最终是以**封建教会势力获胜**告终。代表天主教的拉丁十字式重新被**强制规定**为标准建筑形式。教皇命令建筑师**卡洛·马代尔诺**继续完成大教堂的建筑部分，当年米开朗基罗费尽心思留下的四边对称的集中式等臂十字平面，西侧被强行加上了一段巴西利卡，这样就导致了人站在广场上，饱满的**穹顶**再次**失去**了**主导地位**；米开朗基罗设计的古典样式的**西立面**被拆除，换成了今天我们看到的样子。

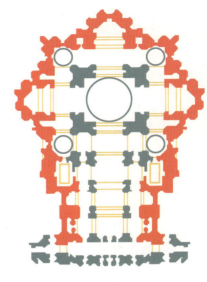

第五回合——天主教会及封建势力获得了"最终"的胜利。圣彼得大教堂米开朗基罗的方案遭到毁坏，也是标志着**文艺复兴建筑运动**在意大利走到了**终点**。

站在教堂穹顶最高点俯瞰整

大教堂的西立面，站在教堂前几乎看不到后面的穹顶了

其实我们看今天的西方，当然是人文主义所象征的自由和民主获得了"最终"胜利，只不过这种胜利是经过了后面几百年各种"**启蒙运动**"以及残酷的**革命**和**战争**最终实现的。而文艺复兴运动只是这**一切的开始**，它在当时并没有**一次性**地解决掉天主教会，你可以把它理解成**人挣脱上帝，自我觉醒而打响的"第一枪"**。

说到这里，你可能会为文艺复兴和人文主义的努力感到遗憾、替米工和伯拉孟特感到不值。其实我倒觉得真正有意义的地方就在于人们通过不懈的斗争，被打败，再站起来的这段**奋斗经历**。就像爱情，重要的是过程中的**体验**和**成长**而**非结果**。人也是在这个过程中逐渐地认识自己，完成了**自我觉醒**。这也是所谓的"**成长过程中必须经历的痛苦**"吧。

黑板：当初和教会站在一□的还有第三方势力——皇□。从中世纪开始，皇权□权始终就被绑定在一起，□为"君权神授"（皇帝是上□指派到人间行使权力的代□人），如果教会倒了，那皇□的合理性也就不存在了。

作为这段**历史**的**见证者**,圣彼得大教堂还是留下了很多人文主义的标志。伯拉孟特的东立面,米开朗基罗的大穹顶,但最有意义的还是这段惊心动魄的故事,我们看到米开朗基罗作为一个手无缚鸡之力的建筑师是怎么用**自己的方式**来**捍卫真理**。他用自己的行动告诉这个世界,**对抗强权和愚昧,即使你并不身强力壮,手里没枪,但至少你可以选择为你认为是正确的事情——**

做点什么

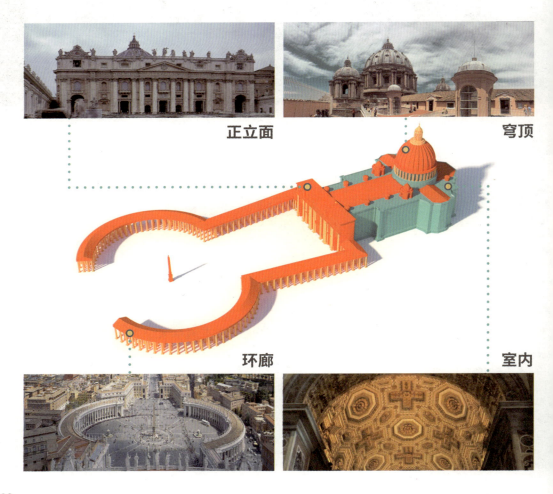

正立面

穹顶

环廊

室内

贝尼尼设计的青铜华盖

堂内随处可见的细节

故事到这里其实还有个**小尾巴**。文艺复兴之后，教会聘请了当时流行的巴洛克风格设计大神**贝尼尼**对教堂内部装饰以及教堂外西面的大广场进行了设计。教堂内穹顶之下巨大的**青铜华盖**就是贝尼尼的作品，前方左侧不远处摆放着米开朗基罗当年在罗马的成名作《圣母怜子像》雕塑。

所以我们今天看到的大教堂，既有文艺复兴的大穹顶，又有拜占庭的小穹顶，古典建筑的希腊十字式和后来巴洛克艺术的装饰及柱廊广场。真真正正就是一座**"艺术史的宝库"**。

畸形的珍珠：
巴洛克

16 世纪下半叶，文艺复兴时代落幕，**专制**的"黑暗"重新**笼罩**了欧洲。以西班牙为首的天主教国家开始大航海，并从美洲和非洲**掠夺**了大量的财富，借此在欧洲试图进一步强化中世纪教会的封建专制，主张回到中世纪的传统，同一阵营的**罗马教廷**也迅速响应，因此对人文主义以及还立足未稳的新教进行了疯狂的镇压。古老的**耶稣会**再度崛起。也是这个时期，在罗马城内建造起了大量的天主教**小型教堂**。

此时欧洲的**主流**建筑风格按照国家和地理位置大体分成了**平行**但又"**互相影响**"的两支：以意大利和西班牙为中心盛行**巴洛克**建筑；以法国为中心产生了唯理的**古典主义**建筑。法国那边我们暂且不提，先主要来说说意大利的"巴洛克"风格。

16 世纪后半叶的罗马，教廷重新掌握了**话语权**，获得了领导地位，进而需要符合自己风格的建筑形式。毫无争议的是，**人文主义**的那一套东西**绝对不能用**。

只有中世纪的拉丁十字式才是正统，而且只能是它。于是这时期服务于教廷的意大利建筑师们开始探索强权统治下新的风格，可谓**"夹缝中求生存"**。其中比较流行的是建筑师维尼奥拉设计的耶稣会祖堂。

教堂采用了标准的长方形平面，柱式严谨而冷酷，完全符合维尼奥拉《五种柱式规范》的要求。可是一千多年下来，古典柱式经过了古希腊和古罗马，又被文艺复兴的大师们研究了一百多年，就那么**几种柱式**的比例组合，早就没啥**新东西可挖**了。一些"有追求"的建筑师想**创新**，就必须寻找新途径。而这种新途径新风格还必须得符合天主教会的口味，真不容易啊。

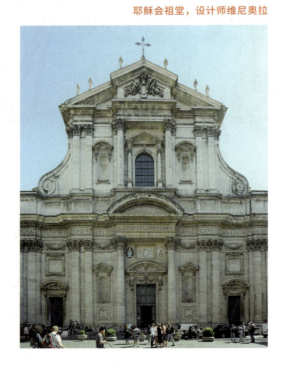

耶稣会祖堂，设计师维尼奥拉

圣卡罗教堂外部

于是另一种**"形式主义"**风格在此时诞生。这种建筑风格的特点是尽可能地在建筑的每个部分**堆砌装饰**，这些装饰可以是满墙的壁画和令人眼花缭乱的雕塑。成功与否就看能不能使人产生**"目眩"**的感觉，大量地运用一些涡卷、壁龛，形体不合逻辑地错位，为了装饰而装饰的壁柱等，这种风格在早期被称为"手法主义"，总结下就是：怎么骚柔怎么来。

其实这种风格的流行跟米开朗基罗还有一定关系。由于米开朗基罗擅长雕塑，所以在设计建筑时也经常会不顾建筑结构的逻辑而将大量的雕塑装饰手法运用其中，后来逐渐发展出了波洛米尼等一批粉丝。17 世纪以后，"手法主义"在一些天主教的教堂中被大量运用，逐渐发展成**"巴洛克"**建筑。

随着国家从殖民地抢来的钱越来越多，教会也越来越**奢靡**，这时的教会相信上帝也和他们一样住在豪华的宫殿里，于是这成为了他们大肆建造奢靡浮夸教堂的一个很好的**理由**。

如何快速准确地辨认这时期巴洛克的教堂

首先，教堂里的各个角落都充斥着复杂到令人怀疑"这到底是怎么画出来的""这是人雕刻出来的吗"的**装饰**，装饰堆砌到甚至有一种**"油腻"**的感觉。

其次，由于雕刻布满了整个教堂内部，甚至经常**分不清**四面墙壁和屋顶的**界线**。

耶稣会祖堂内部，巴洛克风格的教科书案例

再次，**色彩鲜艳、对比强烈**。大量使用**镀金**、**象牙**等贵重材料；另外，教堂外面的立面上经常会有一对下垂的涡卷，大量使用"**双柱**"，建筑立面进退明显，光影感强烈。

耶稣会祖堂内部雕刻细节

最后，如果这座教堂**体量不大**，又在**罗马城里**，那基本就不会有错了。

对于巴洛克建筑的**评价**，历史上曾经有比较大的**分歧**，基本上是：

爱的爱死 & 恨的恨死

比如"巴洛克"这个名字，原意是：畸形的珍珠，就是法国人给起的，当时在法国的古典主义建筑师们对意大利这种装饰主义手法非常**不屑**，他们对这种风格有着很一致的看法：**矫揉造作**。为什么会这么说？

这得先说说如何**评判**一座建筑。当然，评判的标准有很多，我们选其中一个点来举例。

建筑老前辈维特鲁威说过：**坚固、实用、美观**。先来说"坚固"，其实这点没啥可说的，建筑**最原始**的功能就是通过**遮风挡雨**来保护人们的安全，这是底线。其次是"实用"，意思是说，**要方便人们的使用**。

比如设计一座高铁站，要先把购票大厅、候车大厅、行李托运、工作人员房间、进站口、出站口等不同功能的房间区分开，顺序要安排好，否则就会造成使用上的混乱；又例如安装一扇门，既不能太大，也不能太小，太大了人开启不方便，太小了人钻不过去。如果不满足这些，我们就说这座建筑"不实用"。其实这两条都比较好评价，问题就出在最后这个**"美观"**上。

敲黑板：当你走进卢浮宫（古典主义代表），你会感叹建筑的大气稳重，但仿佛有些拒人千里之外的高冷；走进圣卡罗教堂（巴洛克代表）你会觉得琳琅满目的真好看，必须拿出手机拍一张发个朋友圈，但看多了又会觉得有些"眼花缭乱"。到底孰优孰劣这事儿可能永远都没答案。

人对"什么是美"感受和理解是不同的,有两种说法

一、认为美是客观的。不以个人的意志为转移。如黄金分割比例,只要物体满足这个比例,通常就被认为是美的、和谐的,在此基础上多余的东西就是画蛇添足。

二、认为美是主观的。美并没有一个固定的法则,美的标准也是随着时代、地域等条件而变化。这么说是没错,但就会有一些人浑水摸鱼,反正怎么做我都有道理,你不喜欢只能说明是你欣赏不了。古典主义建筑师选择了第一条,巴洛克建筑师选择了第二条,所以双方互相贬低也就不奇怪了。

其实我们站在今天往回看,古典主义和巴洛克风格都已成为历史,无论古典主义还是巴洛克风格,都是很"美"的。这两种风格,都有着各自阵营里的大师用尽毕生心血去推敲和创造。

枫丹白露宫内部,浓浓的巴洛克风格

随着时间的发展，罗马城内的教堂已经太多了，于是一些教堂就被当作"纪念碑"建造起来。这些教堂的特点是很小，既然很小就没必要做成拉丁十字式，但集中式天主教又不让用，所以巴洛克后期，出现不少**圆形、椭圆形、六角星形**甚至是**梅花形**的教堂。配合已经被玩得炉火纯青的曲线手法，将巴洛克的**扭曲**和**流动性**的**魔幻风格**发挥到了极致。

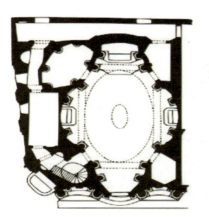
波洛米尼设计的罗马圣卡罗教堂平面

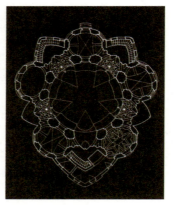
圣蒂尼在布拉格建造的圣约翰朝圣教堂

《阿波罗与达芙妮》

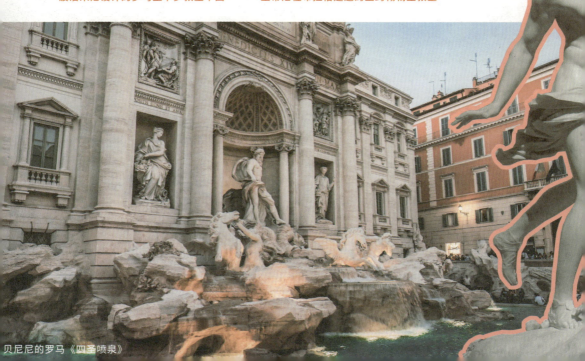
贝尼尼的罗马《四圣喷泉》

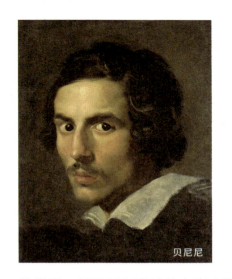

贝尼尼

巴洛克风格的**代表**人物是大名鼎鼎的贝尼尼,不过贝尼尼最拿手的是雕塑,其次才是建筑。著名的《阿波罗与达芙妮》就是他的作品。建筑上的代表作则是圣彼得大教堂的室内装饰以及教堂前的柱廊广场;而在他的圣安德烈教堂里,贝尼尼创意性地在室内雕刻了很多个**小天使**,这个行为更是**模糊**了建筑**装饰构件**和**雕塑**的**界线**。另一个晚期巴洛克小教堂代表作是波洛米尼的圣卡罗教堂。

圣卡罗教堂变幻莫测的屋顶

万花筒般的巴洛克教堂

  巴洛克风格的盛行代表了天主教的势力在意大利达到了顶峰。与此同时，北边的**法国**则走上了一条王权所代表的**宫廷文化**的道路。同样受到文艺复兴理性思维的影响，却走上了一条与意大利不同的道路，历史上称其为**"绝对君权时期的古典主义"**。

  法国人在这几百年干了什么？卢浮宫和凡尔赛宫有着怎样的故事？洛可可风格到底是什么？我们以后再聊。

● - - - - - - **本书·完** - - - - - - ●

写在最后

2019年4月16日，法国的巴黎圣母院着火了。这好像是全世界人民第一次齐刷刷地关注一座建筑。

建筑在我们每个人的生活中都扮演了重要的角色，每天绝大多数时间人们都停留在建筑里，可我们了解它们吗？在平时读书的过程中，我发现目前国内很少有真正面向大众的纯科普建筑读物，于是突发奇想：写一本大家都能看懂的建筑入门书吧，把我知道的那些有趣的建筑故事说给大家听。

希望这本书能为大家解答两个问题：为什么每个人都要懂一点建筑？用什么方法来看懂建筑？

先来回答第一个问题。
我很小的时候第一次看周星驰的《大话西游》，那时只有几岁，当时完全把电影当成一部喜剧来看，被"至尊宝"逗得前仰后合；可多年后第二次看已经是研究生毕业的年纪，只是发现无论如何也笑不出来，唯有伤感。

人为什么要懂艺术？从艺术里，我们可以看到并重新认识自己。
文学是艺术，绘画是艺术，电影是艺术，建筑——是最深沉的艺术。

再来回答第二个问题。
举个画家的例子吧。我们都知道梵高。说他是世界顶级画家之一绝不为过。但往往大多数人看他的画，虽然可能嘴上说"画得真好"，但心里多半会嘀咕：我觉得也就一般啊。相信我，大部分人看到梵高的画都是这感觉。其实你的感觉一点都没错。如果从"纯画技"的角度来看，比梵高"画得好"的人多了去了，但为什么只有他让全世界记住？因为画画的人很多，可他是极少真正燃烧自己生命进行创作的人。"燃烧自己生命"这个6个字很重要。画画不难，难的是一个人即使穷困潦倒且身患疾病，但依然能够用自己全部的热情来做一件"看不到希望"的事，全部的理由仅仅只是两个字：热爱。这才是艺术家追求的精神极致。难吗？

太难了。

所以答案就来了，想知道梵高的画好在哪，我们要做的恰恰不是去看遍他所有的画。而要先了解他一生的经历，了解他生活的年代，甚至了解艺术史的发展。只有知道了这些，再反过去看他的画，试着站在他的角度，不需要给你解释太多画的内容和技法，你自己就能"看懂"。而且绝对会发自内心地感叹：画得真好！建筑也是一样，只有知道建筑背后的故事，才能真正明白这座建筑到底好在哪里。

那么，这本书至少可以让大家在轻松的阅读中，从整体上快速了解整个欧洲建筑的发展历史，这样大家在平时无论是现实中还是电影、书籍或其他地方看到一些著名的建筑（比如巴黎圣母院、圣彼得大教堂、埃菲尔铁塔……）时，就可以快速地将它们对应到相应的背景下，进而真正体会这些建筑之所以伟大的原因。

最后郑重感谢我的伙伴们：编辑晨晨；同济大学刘刚教授；我的导师付瑶教授；建筑师俞挺先生；摄影师自耕、家佳、琦烽、超超、姣阳；漫画师隆哥以及在写书过程中帮助过我的朋友们。

希望这本书能让您有所收获。

——密小斯
2019年4月于上海